KB091000

차세대 리튬 이온 전지

전고체 전지 입문

카나무라 키요시 지음 ᛁ 정순기, 한원철 옮김

본 저서는 산업통상자원부(MOTIE)와 한국에너지기술평가원(KETEP)의
지원을 받아 출판하였습니다. (NO. 20204030200060)

차세대 리튬 이온 전지

전고체 전지 입문

2021. 12. 15. 초 판 1쇄 인쇄
2021. 12. 28. 초 판 1쇄 발행

지은이 | 카나무라 키요시(金村 聖志)
옮긴이 | 정순기, 한원철
펴낸이 | 이종춘
펴낸곳 | **BM** ㈜도서출판 **성안당**

주소 | 04032 서울시 마포구 양화로 127 첨단빌딩 3층(출판기획 R&D 센터)
| 10881 경기도 파주시 문발로 112 파주 출판 문화도시(제작 및 물류)
전화 | 02) 3142-0036
| 031) 950-6300
팩스 | 031) 955-0510
등록 | 1973. 2. 1. 제406-2005-000046호
출판사 홈페이지 | **www.cyber.co.kr**
ISBN | 978-89-315-5789-3 (93560)
정가 | 28,000원

이 책을 만든 사람들
책임 | 최옥현
교정·교열 | 안종군
본문 디자인 | 이다혜
표지 디자인 | 박원석
홍보 | 김계향, 이보람, 유미나, 서세원
국제부 | 이선민, 조혜란, 권수경
마케팅 | 구본철, 차정욱, 나진호, 이동후, 강호묵
마케팅 지원 | 장상범, 박지연
제작 | 김유석

머리말

    지구 온난화에 따른 기상 이변 문제가 표면화되고 있는 가운데 이산화탄소의 발생량을 줄이는 것은 매우 중요하고도 긴급하게 해결해야만 하는 과제다. 이산화탄소를 줄이기 위해서는 화석 연료를 자연 에너지(재생 가능한 에너지)로 전환해야 한다. 또한 내연 기관을 사용하는 모빌리티도 전동화해야 한다. 물론 이 때도 전기 에너지는 재생 가능해야 한다. 다시 말해 새로운 에너지 사회를 구축해야 한다는 인식이 과거 어느 때보다 절실히 요구되고 있다. 미래의 에너지 사회를 구축하기 위해서는 높은 에너지 변환 효율로 전기 에너지를 저장하는 에너지 장치가 필요하다. 2차 전지는 이와 같은 목적에 부합하는 에너지 장치 중 하나다. 2차 전지를 이용하면 다양한 자연 에너지를 도입할 수 있다. 2차 전지로 구동되는 모터를 이용해 자동차를 주행시키면 이산화탄소는 배출되지 않는다. 2차 전지는 미래의 에너지 사회를 구상하는 핵심 기술로 인정받고 있다. 현재 사용되고 있는 전지 중에서 이와 같은 목적으로 응용할 수 있는 것이 '리튬 이온 전지'다. 리튬 이온 전지의 에너지 밀도는 종래의 2차 전지에 비해 몇 배 더 크며, 자연 에너지를 안정화시키는 용도의 정치형 2차 전지(ESS : Energy Storage System)나 전기자동차용 2차 전지로 적합하다. 그러나 리튬 이온 전지도 몇 가지 문제를 안고 있다. 그중 하나는 에너지 밀도다. 다가오는 에너지 사회에서는 보다 높은 에너지 밀도를 가진 2차 전지가 필요하다. 2차 전지의 안전성과 수명도 중요한 과제다. 이에 따라 높은 에너지 밀도, 절대적인 안전성, 매우 긴 수명 등의 특성을 지닌 전고체 전지가 주목을 받고 있다. 전고체 전지는 전해질을 고체화함으로써 지금까지 사용할 수 없었던 리튬 금속 음극 등의 고용량 재료를 사용할 수 있게 됐고, 고체이기 때문에 어떤 이유에서든 전지가 고온의 상태가 되더라도 발화하지 않는다. 고체는 액체에 비해 안정적이며, 전지의 수명을 늘이는 데도 도움이 된다. 전고체 전지는 리튬 이온 전지의 결점을 모두 보완해 준다. 그러나 전지의 구성 요소를 모두 고체로 바꾸기 위해서는 새로운 전해질 재료와 양극과 음극을 제작하기 위한 새로운 기술이 필요하다. 한편, 리튬 이온 전지는 액체 전해질을 사용하기 때문에 이와 같은 문제가 발생하지 않는다.

이 책에서는 2차 전지의 하나인 전고체 전지의 의의, 전고체 전지를 제작하는 방법, 공정 기술을 알아본다. 이 책에서 다루는 것은 황화물계의 고체 전해질과 산화물계의 전해질로 현실적인 셀 설계를 고려해 세라믹과 고분자가 복합된 형태의 전해질도 알아본다. 지금까지의 연구로 얻은 재료 개발 방법, 전지의 제작 방법, 향후 해결해야만 하는 문제점 등을 중심으로 설명했다.

차례

1

2차 전지를 둘러싼 환경

지구 온난화는 기후 변화로 인해 인류가 경험하고 있는 다양한 재해의 근본 원인으로 지목받고 있는 매우 심각한 문제다. 지구 온난화의 원인은 대기 중에 존재하는 여러 종류의 화학 물질이다. 이는 온실 기체라고도 하며, 적외선을 흡수하는 성질을 띤 화학 물질들이 지구 온난화를 유발하는 요인으로 작용한다. 대표적인 예로는 수증기와 이산화탄소를 들 수 있다.

지구 온난화를 유발하기 위해서는 적외선을 흡수하는 온실 기체가 대기 중에 일정 농도 이상의 양으로 존재해야 한다는 조건이 전제돼야 한다. 수증기와 이산화탄소는 그러한 조건을 만족시키는 기체다. 한편, 온실 기체로 작용하기 위해서는 대기 중의 농도가 증가해야 한다는 조건도 있어야 한다. 수증기의 양이나 이산화탄소의 양은 일시적으로는 증가할 가능성이 있는데, 1년 단위에서 대기 중의 농도 변화를 고려하면 수증기와 이산화탄소는 크게 다르다. 수증기가 대기, 해수 등을 순환하는 기간은 10일~1개월 정도이고, 1년을 평균해 보면 대기 중에서의 농도 증가는 발생하지 않는다고 간주해도 좋다. 하지만 이산화탄소는 이와 같은 순환 과정이 수 천만 년 또는 수 억년이라고 알려져 있을 정도로 매우 길기 때문에 인류가 배출한 이산화탄소는 모두 대기 중에 축적된다고 간주할 수 있다. 바로 이것이(인류의 수명을 생각하면) 이산화탄소가 지구 온난화를 유발하는 기체로 알려져 있는 이유다. 이산화탄소의 배출을 억제하지 않으면 대기 중의 이산화탄소 농도가 지속적으로 상승하면서 지구 온난화를 진행시키고, 결과적으로 지구 환경에 막대한 악영향을 끼치게 된다. 따라서 이산화탄소의 배출량의 삭감은 인류에게 그 무엇보다 중요한 과제로 인식되고 있다.

이산화탄소 삭감을 위해 다양한 기술이 검토되고 제안돼 왔다. 예를 들어 회석 연료 대신 수소 연료를 연소시켜 에너지를 얻을 수 있다면, 이 과정에서 배출되는 물질은 수증기뿐이므로 지구 환경에 부담을 주지 않는다. 수소 에너지에 관련된 다양한 연구가 수행되고 있는 것은 바로 이 때문이다. 수소 에너지를 이용하는 것 이외에도 화석 연료의 연소로 배출되는 이산화탄소를 땅속이나 바닷속 깊은 곳에 축적하는 것도 효과적인 방법이다. 이러한 기술을 CCS(Carbon dioxide Capture and Storage)라고 하며, 화력 발전에서 배출되는 이산화탄소의 CCS도 매우 효과적인 수단이다.

또 하나의 예로는 전기자동차를 들 수 있다. 전기자동차는 2차 전지에 저장된 전기로 모터를 구동시켜 주행하기 때문에 이산화탄소를 거의 배출하지 않는 모빌리티로 간주되고 있다. 또한 하이브리드 자동차 등도 연비 향상에 크게 기여하기 때문에 이산화탄소의 배출을 억제하는 효과가 있는 모빌리티라 할 수 있다. 전기자동차와 하이브리드 자동차 모두 2차 전지가 필요하다. 그렇기 때문에 모빌리티 분야에서는 해를 거듭할수록 2차 전지의 개발이 더욱 중요한 과제로 인식되고 있다. [표 1-1]은 2차 전지의 역사를 나타낸다. 역사적으로 다양한 전지가 연구·개발돼 왔다. 전기자동차에 탑재하기 위해서는 고성능 2차 전지가 필요하다. 납축전지와 니켈-카드뮴 전지도 고성능 2차 전지이지만, 전기자동차에 적용하기에는 성능 면에서 충분하지 않았다. 1990년대부터 니켈-수소 전지와 리튬 이온 전지와 같은 신형 2차 전지의 생산이 개시됐으며, 이들 전지는 전기자동차를 구현하는 중요한 계기가 됐다. 바꿔 말하면 니켈-수소 전지와 리튬

이온 전지의 실용화는 전 세계적으로 차량의 전동화라는 새롭고 거
대한 과학 기술의 흐름을 만들었다고 평가할 수 있다.

[표 1-1] 전지의 연구·개발 및 생산에 관한 역사

연도	역사적 사건
1791년	전지 원리의 발견(갈바니, 이탈리아)
1800년	볼타 전지의 발명(볼타, 이탈리아)
1859년	납축전지의 발명(플란테, 프랑스)
1868년	건전지 원형의 발명(르클랑셰, 프랑스)
1885년	일본 최초의 건전지 개발(야이사키조, 일본)
1899년	니켈-카드뮴 전지 개발(융그너, 스웨덴)
1900년	니켈-철 전지 개발(에디슨, 미국)
1955년	수은 전지의 생산 개시
1960년	알칼리 건전지의 생산 개시
1961년	코인형 공기 전지(공기-아연 전지)의 생산 개시
1976년	산화은 전지·리튬 1차 전지의 생산 개시
1977년	알칼리 코인 전지의 생산 개시
1986년	공기-아연 전지의 생산 개시
1990년	니켈-수소 전지의 생산 개시
1991년	리튬 이온 전지의 생산 개시, 수은 비함유 망간 건전지의 사용 개시
1992년	수은 비함유 알칼리 건전지의 사용 개시
1995년	수은 전지 생산 정지
1997년	소형 2차 전지 회수 개시
2002년	니켈계 1차 전지 생산 개시

2차 전지를 활용한 이산화탄소 삭감 기술로 반드시 기억해야 하는 것은 자연 에너지의 이용이다. 태양광과 풍력에 기반을 둔 발전 시스템에 의해 자연 에너지를 이용하고, 이를 이용해 이산화탄소를 삭감하는 기술이 주목을 받고 있다. 태양광 발전과 풍력 발전을 이용해 자연 에너지를 전력 계통망에 도입하는 데는 커다란 문제가 있다. 자연 에너지의 발전량은 날씨, 밤낮 등에 따라 크게 변동한다. 따라서 자연 에너지를 전력 계통망에 직접 도입하는 데는 한계가 있다. 즉, 발전을 해도 사용할 수 없는 전력이 발생한다. 이때 2차 전지를 매개로 하면 변동폭이 감소할 뿐 아니라 전력 낭비를 줄이면서 자연 에너지를 효율적으로 이용할 수 있게 된다. 납축전지 등은 이와 같은 용도로 오랫동안 사용돼 왔는데, 최근에는 납축전지보다 성능이 압도적으로 우수한 리튬 이온 전지를 사용함으로써 더욱 많은 자연 에너지를 도입할 수 있게 됐다.

 리튬 이온 전지의 가장 큰 특징은(상세한 내용은 3장 참조) 높은 에너지 밀도다. 이 말은 작은 체적을 가진 공간에 많은 전기 에너지를 축적할 수 있다는 것을 의미한다. 반면 새로운 용도로 사용하기 위해서는 더욱 많은 양의 에너지를 저장할 수 있는 2차 전지가 필요하다는 단점도 있다. 이 책에서는 에너지 밀도가 크고, 안전성이 우수하며, 수명이 긴 신형 전지 중 하나인 전고체(All Solid State) 전지의 과학적 기초 원리 및 제작 방법을 중점적으로 알아본다.

2

전지의 특성

2.1 에너지 밀도

2차 전지에 저장할 수 있는 전기 에너지는 전지의 용량(C, Ah)과 전압(E, V)에 의해 결정된다. 전지의 중량이 W kg, 전지의 체적이 V L 일 때, 전지의 에너지 밀도는 다음과 같다.

CE/W(Wh kg^{-1})

CE/V(Wh L^{-1})

앞 식에서 전자는 '중량 에너지 밀도', 후자는 '체적 에너지 밀도'를 나타낸다. 두 가지 에너지 밀도 모두 전지의 용량 C와 전압 E에 비례해 커진다. 전지의 용량은 전지 내부에서 사용하는 활물질의 중량에 의존한다. [그림 2-1]은 리튬 이온 전지의 구성을 나타낸 것이다. 전지의 반응은 활물질이라 불리는 화학 물질의 산화·환원 반응으로 진행된다.

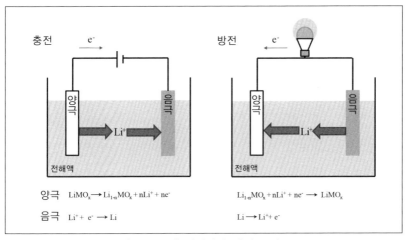

충전　　e⁻　　　　　방전　　e⁻

양극　음극　　　　　양극　음극

Li⁺　　　　　　　　　Li⁺

전해액　　　　　　　전해액

양극　$LiMO_x \longrightarrow Li_{1-n}MO_x + nLi^+ + ne^-$　　　$Li_{1-n}MO_x + nLi^+ + ne^- \longrightarrow LiMO_x$

음극　$Li^+ + e^- \longrightarrow Li$　　　　　　　　$Li \longrightarrow Li^+ + e^-$

[그림 2-1] 일반적인 전지 구성

2차 전지를 충전할 때 양극 활물질에서는 산화 반응, 음극 활물질에서는 환원 반응이 일어난다. 양극 활물질의 산화로 생성된 전자(산화 반응)는 음극까지 이동하며, 음극 활물질은 그 전자를 받아들인다

(환원 반응). 방전 시 양극에서는 환원 반응, 음극에서는 산화 반응이
일어난다.

리튬 이온 전지를 예로 들어 에너지 밀도를 계산해 보자. 양극 활
물질로는 $LiCoO_2$, 음극 활물질로는 흑연(C)이 사용된다고 가정한다.
반응의 형태는 [그림 2-2]에 나타낸 것과 같이 Li^+ 이온의 삽입
(intercalation)·탈리(deintercalation)다.

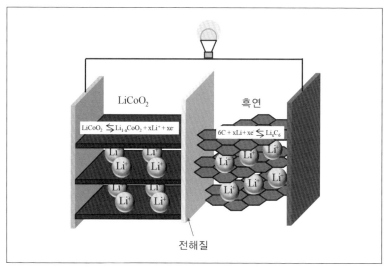

[그림 2-2] Li^+ 이온의 삽입·탈리

양극과 음극 사이에 존재하는 전해질은 Li^+ 이온이 전도되는 통로
의 기능을 하며 최소한의 양만 존재하면 된다. $LiCoO_2$와 흑연의 반

응은 다음과 같다.

$$LiCoO_2 \leftrightarrow xLi^+ + xe^- + Li_{1-x}CoO_2 (x<0.5)$$
$$C_6 + Li^+ + e^- \leftrightarrow LiC_6$$

이론적으로 얻어지는 $LiCoO_2$와 흑연의 전기 용량은 각각 1g당 140mAh와 372mAh이다. 다시 말해 1Ah의 전기 용량을 지닌 전지를 만들기 위해서는 7.14g의 $LiCoO_2$와 2.67g의 흑연이 필요하다. 전해질로는 에틸렌 카보네이트(Ethylene Carbonate, EC)와 디에틸 카보네이트(Diethyl Carbonate, DEC)가 혼합된 유기 용매 등에 $LiPF_6$와 같은 리튬 염을 용해시킨 전해액이 사용된다. 전해액은 최소한의 양만 있으면 되지만, 여기서는 활물질 총량의 10% 정도가 필요하다고 가정한다. 이렇게 세 가지 요소(양극 활물질, 음극 활물질, 전해액)의 총 중량은 10.8g이 된다. 전지의 전압은 흑연 음극과 $LiCoO_2$ 양극의 전위차에 의해 결정되는데, 그 값은 약 3.8V이다. 따라서 1Ah에 전지 전압 3.8V를 곱한 후 10.8g의 중량으로 나누면, 전지의 에너지 밀도는 352Whkg^{-1}이 된다. 앞서 언급한 전지의 세 가지 구성 요소 이외에도 분리막, 바인더, 도전재, 전지 외장재, 안전성을 확보하기 위한 회로 기판 등 다양한 부재료가 필요하다. 리튬 이온 전지는 이러한 부재료의 중량이 약 50%를 차지하기 때문에 실질적인 에너지 밀도는 150Whkg^{-1} 정도다.

이 값은 액체 전해질을 사용할 때 해당하며, 고체 전해질을 사용할 때의 에너지 밀도는 전고체 전지에서 충분한 성능을 확보하는 데 필요한 고체 전해질의 양이 어느 정도인지에 달려 있다. 따라서 에너지 밀도는 고체 전해질의 종류에 영향을 받는다고 말할 수 있다. 전지의 체적당 에너지 밀도는 전지의 밀도(전지를 구성하는 부재료의 평균 밀도)에 달려 있다. 액체 전해질을 사용할 때는 전지의 평균 밀도가 2(1L가 2kg에 해당) 정도이므로 체적당 에너지 밀도는 $300WhL^{-1}$이 된다. 고체 전해질을 사용하면 전지의 평균 밀도가 2보다 커지므로 액체 전해질을 사용할 때보다 에너지 밀도가 증가할 것으로 기대할 수 있다. 이것이 전고체 전지의 매력적인 특성 중 하나다. [그림 2-3]은 18650 규격의 원통형(지름 18mm, 길이 65mm) 리튬 이온 전지에서 얻어지는 에너지 밀도가 시대에 따라 어떻게 변해왔는지를 나타낸다. 활물질로는 $LiCoO_2$와 흑연을 사용하고 있으며, 이 조합이 바뀌지는 않았지만, 과거 약 20여 년간 에너지 밀도가 3배로 증가했다는 것을 알 수 있다. 이러한 에너지 밀도의 향상은 전지 기술의 진보에 따른 것이다. 이 결과가 말해 주듯이 재료의 발견 및 발명에 못지않게 전지의 제작 방법은 매우 중요하며, 이는 전고체 전지 또한 예외가 아니다. 실용적인 전고체 전지가 등장하기까지는 좀 더 시간이 걸리겠지만, 이 과정에서 전지의 제작 방법에 관한 심도 있는 검토가 이뤄질 필요가 있다는 것은 너무나도 자명하다. 현재 전고체 전지에 적용할 수 있는 고유의 전지 설계 지침을 확보하기 위해 다양한 검토 및 연구·개발이 진행되고 있는 상황이다.

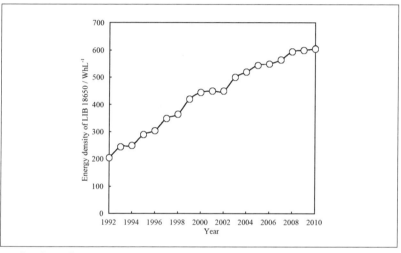

[그림 2-3] 18650 규격 원통형 리튬 이온 전지의 에너지 밀도 변천 과정

2.2 출력 밀도

전지의 특성에 있어서 에너지 밀도 못지않게 중요한 것이 출력 밀도다. 예를 들면, 스마트폰 등과 같은 휴대 기기용 전지와 전기자동차용 전지의 에너지 밀도는 2배 정도 차이가 난다. 전지는 동일한 양

극 활물질과 음극 활물질을 사용해 만들어지지만, 에너지 밀도는 크게 다르다. 출력 밀도를 증대시키기 위해서는(전지에서 대량의 전류를 꺼내 쓰기 위해서는) 리튬 이온 전지의 전극 반응 저항과 전해질 저항을 저감시켜야 한다. 리튬 이온 전지의 내부에서 진행되는 반응을 고찰할 필요가 있는 것이다. [그림 2-4]는 리튬 이온 전지의 내부에서 진행되는 반응의 각 경로를 요약한 것이다. 리튬 이온 전지의 내부 임피던스 및 저항은 크게 세 가지 경로(전극/전해액 계면에서의 전하 이동, 활물질 내부에서의 Li^+ 이온의 이동, 전해액 내부에서의 Li^+ 이온의 이동)로 나눠진다.

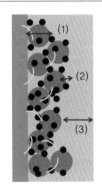

(1) 활물질 내부에서의 Li^+ 이온 이동(고체 내부에서의 확산)
(2) 전극/전해질 계면에서의 전하 이동
(3) 전해액 중에서의 Li^+ 이온 이동(영동과 확산)

[그림 2-4] 리튬 이온 전지의 내부에서 진행되는 반응 과정

이러한 세 가지 종류의 Li^+ 이온 이동에 관한 저항을 비교해 보면 전지의 출력 밀도가 지닌 특성을 이해할 수 있다. 대전류로 충전 및 방전 반응이 진행될 때는 전해액 중의 Li^+ 이온 이동이 반응 속도를 결정하는 것으로 알려져 있다. 전해액은 $LiPF_6$가 지지염으로 사용될 때가 많으며, 전해액 중 Li^+ 이온과 PF_6^- 이온 모두 전장에 의해 이동한다. 이러한 이동을 '영동 현상'이라고 한다. 양이온인 Li^+의 영동이 음이온인 PF_6^-의 영동보다 느리며 Li^+ 이온의 이동은 영동뿐 아니라 일부는 확산 과정에 참여한다. 그 이유는 Li^+ 이온보다 PF_6^- 이온의 반경이 크기는 하지만, Li^+ 이온은 용매화된 상태로 전해액 중에 존재하고 있어서 이동할 때의 체적이 음이온보다 상대적으로 크기 때문이다. 따라서 대전류가 흐르면 전극과 전해액 계면에서의 Li^+ 이온 공급 및 Li^+ 이온의 소실 속도가 느려지면서 전지 반응 전체의 속도를 결정한다. 특히 양극과 음극의 전극 내부에 존재하는 미세 기공을 Li^+ 이온이 이동하는 과정이 느려진다. 따라서 전지의 출력 밀도를 증대시키기 위해서는 전극의 미세 기공량을 증가시키거나 전극의 두께를 얇게 할 필요가 있다. 이에 부합하도록 전지를 설계하면 사용되는 집전체와 분리막의 수량이 증가하는 동시에 전지의 체적이 커지면서 중량도 증가하고, 결과적으로 전지의 에너지 밀도가 감소한다. 스마트폰용 전지에는 대전류를 흘릴 필요가 없기 때문에 미세 기공이 적고 두꺼운 전극을 사용할 수 있으며, 그 결과 에너지 밀도가 커진다. 이와 대조적으로 전기자동차는 비교적 큰 전류가 필요하기 때문에 미세 기공이 많이 존재하면서 얇은 두께의 전극이 사용된다. 이는 전지의 에너지 밀도를 저하시키는 요인으로 작용한다.

고체 전해질을 이용한 전지에서는 이와 사정이 다르다. 전해질 중에서 이동할 수 있는 이온은 Li^+뿐이며 액체 전해질 중에서 관찰되는 Li^+ 이온의 확산 현상은 발생하지 않는다. 전고체 전지 반응의 속도를 결정하는 단계는 확산 과정이 아니며 전해질의 저항 및 활물질과 전해질 계면의 저항에 크게 의존한다. 전극 내부에 존재하는 전해질에는 전해질 및 전극 활물질의 저항에 의존하는 전위 분포가 발생한다. 전위 분포가 커지면 활물질의 이용률 또한 전극 내부에서의 활물질 위치에 따라 달라진다. 이와 같은 현상이 전고체 전지의 반응 속도를 결정한다. 사용하는 고체 전해질의 이온 전도도가 액체 전해질의 이온 전도도와 동일하다면 전고체 전지에서 전류를 꺼내 쓰는 것이 상대적으로 쉽다고 예상할 수 있다. 실제로 황화물계의 고체 전해질에서는 액체 전해질과 동등하거나 그 이상의 이온 전도도가 구현되고 있다. 따라서 출력 밀도의 향상을 목표로 한다면, 전고체 전지가 액체 전해질을 사용하는 전지보다 이론적으로는 더욱 적합한 시스템이라고 할 수 있다.

[그림 2-5]는 전고체 전지 내부에서의 반응을 요약한 것이다. Li$^+$ 이온의 농도 변화는 활물질에서만 발생하며, 영동에 의해서만 Li$^+$ 이온이 공급되기 때문에 전해질 중에서는 농도가 일정하게 유지된다.

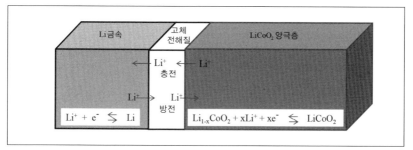

[그림 2-5] 전고체 전지 내부에서의 반응

단, 전위 분포의 발생은 고체 전해질의 저항에 달려 있다. 전위 분포는 활물질 이용률의 차이를 유발한다. 전고체 전지를 방전할 때 전지에서 꺼낼 수 있는 전류 값은 Li$^+$ 이온이 고체 내부에서 확산하는 과정보다 전위 분포에 더 큰 영향을 받는다. 더욱이 고체 전해질은 양극 활물질 또는 음극 활물질과 고체 전해질의 계면 접촉 문제가 있으며, 이 계면에서의 전하 이동 저항도 꺼내 쓸 수 있는 전류 값에 크게 영향을 미친다. Li$^+$ 이온의 농도 분포는 전해질 부분에 발생하지 않지만, 전위 분포는 발생한다. 액체 전해질에서는 Li$^+$ 이온의 농도 분포와 전위 분포가 모두 발생하기 때문에 전류를 꺼내 쓴다는 의미에서는 전고체 전지가 유리할 가능성이 있다. 어쨌든 Li$^+$ 이온 전도성은 우수한 재료를 개발하는 데 매우 중요하다.

2.3 수명

많은 연구자가 리튬 이온 전지의 수명과 관련된 다양한 연구를 수행했다. 그러나 어떤 요인에 의해 전지의 용량이 크게 감소하면서 전지의 수명이 다하는지에 관한 이해는 여전히 부족한 상황이다. 추정해 볼 수 있는 요인으로는 전해질의 열화 및 활물질과 전해질 계면의 열화를 들 수 있다. 이외에 활물질 자신의 변질도 한 가지 요인일 수 있다. 여기서는 전해질이 관여하는 2개의 요인을 주로 고찰한다.

먼저 전해질의 열화를 살펴보자. 액체 전해질계와 고체 전해질계를 비교해 보면 당연히 고체 전해질계가 안정적이라고 말할 수 있다. [그림 2-6]은 전기화학적으로 전해질이 안정적인 범위를 나타낸 것이다. 이 그림에서 알 수 있듯이 액체 전해질에서는 5V 정도까지 안정적인 재료가 적지 않다[1]. 고체 전해질은 안정적인 전위의 범위가 넓다. 산화물계 고체 전해질의 일종인 Li$_7$La$_3$Zr$_2$O$_5$는 넓은 전위 범위에서 안정적이다[2]. 이러한 고체 전해질을 사용하면 오랫동안 안정적으로 작동하는 전지를 제작할 수 있다.

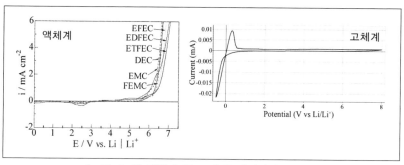

[그림 2-6] 액체계 및 고체계 전해질의 전위창

　액체 전해질을 사용하는 리튬 이온 전지에서는 액체 전해질이 양극 표면에서 산화되고, 분해되거나 음극 표면에서 환원되며, 분해될 우려가 있다. 리튬 이온 전지에 사용되는 액체 전해질은 기본적으로 리튬 금속의 전위를 기준으로 4.3V에서 산화 반응에 의해 분해되며, 1V의 전위에서 환원 반응에 의해 분해된다.

　실제로 리튬 이온 전지에서는 액체 전해질이 분해되면서 흑연 음극 표면에 SEI(Solid Electrolyte Interface 또는 Solid Electrolyte Interphase)라는 피막이 생성되며, 이 피막이 전해질 용액의 추가 분해를 억제하는 중요한 역할을 담당하고 있다.

　한편, 양극에서는 전해질 용액이 산화되며 분해되는 반응이 4.3V 까지는 거의 일어나지 않기 때문에 리튬 이온 전지를 구현할 수 있다. 그러나 액체 전해질을 사용하는 전지는 열역학적인 관점에서 전해질 용액이 전극 재료와 반응하는 것을 막는 것이 본질적으로 어렵다. 즉, 리튬 이온 전지에서는 전극 표면에서 전해질 용액이 분해되는 반응이 필연적으로 수반된다.

충전에 의해 리튬 이온 전지의 전해질 용액이 분해되면, 전지 내부에 조금밖에 들어 있지 않던 전해질 용액이 소실되면서 전해질 용액의 저항이 크게 증가하며, 이로 인해 전지 자체의 충·방전이 불가능해진다. 전지의 열화가 전해질 용액의 불안정성(전기 분해)에 의해 일어나는 것이다. 또한 전해질 용액이 분해되면서 생성된 물질이 전극 활물질의 표면을 덮으면 표면 저항이 상승해 전지의 방전이 불가능해진다. 전해질 용액의 분해 반응이 조금만 진행되더라도 계면이 영향을 받을 때도 있다.

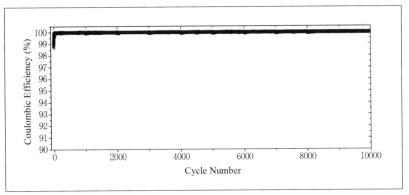

[그림 2-7] 고체 전해질을 이용한 박막 전지의 사이클 거동

산화 또는 환원에 안정적인 고체 전해질을 사용하면 이와 같은 현상을 저감시킬 수 있고 전지의 수명도 길어진다. [그림 2-7]과 같이 고체 전해질을 사용한 박막 전지에서는 사이클을 1만 회 이상 진행해도 전지가 아무런 문제없이 작동한다[3].

이와 같은 연구 결과에서 매우 긴 수명을 지닌 고체 전지를 기대해 볼 수 있다. 황화물계 재료는 고체 전해질 중에서도 산화물계 재료에 비해 전기화학적 반응성 및 화학적 반응성이 크며, 특히 계면 안정성에 주의해야 한다. 어쨌든 액체 전해질을 사용하는 전지보다 고체 전해질을 사용하는 전지가 수명이 길다고 할 수 있다.

2.4 안전성

지금까지 설명한 것처럼 리튬 이온 전지는 우수한 전지 시스템이지만, 최대의 과제는 안전성이다. [그림 2-8]은 리튬 이온 전지의 안전성과 관련된 과거의 사고 사례다. 전지가 발화되면서 파열되고 있는 것을 알 수 있다[4].

리튬 이온 전지에서는 고전압을 실현하기 위해 가연성 유기계 전해질 용액을 사용한다. 전지가 정상적으로 작동하고 있을 때는 아무런 문제가 없지만, 어떠한 요인으로 전지의 온도가 상승하면 [그림 2-9]처럼 특정 온도를 경계로 급격하게 전지의 온도가 상승하면서 가연성 전해질 용액이 발화한다. 이 시점에서 전지가 파열된다.

[그림 2-8] 안전성에 관련된 과거의 사고 사례

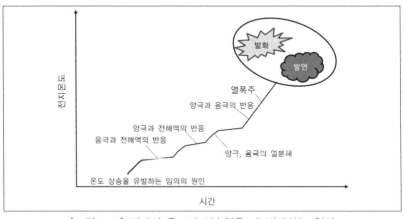

[그림 2-9] 전지의 온도가 상승했을 때 발생하는 현상

전지의 온도가 상승하는 원인으로 리튬 이온 전지가 과충전됐을 때, 전지가 압축에 의한 파괴나 못이 관통해 양극과 음극이 단락됐을 때 등이다. 기본적으로는 전지의 내부 단락 현상이 주요 원인이지만 때로는 외부에서 발생한 단락으로 발화 및 파열에 이를 때도 있다.

어쨌든 리튬 이온 전지에서는 가연성 액체 전해질을 사용하고 있기 때문에 안전상에 문제가 생긴다. 안전성을 확보하기 위해 분리막과 전해질 용액에 첨가제를 사용하는 등의 방법을 이용해 단락이 일어나기 어렵게 만들거나 전해질 용액이 쉽게 연소되지 않도록 하는 기술 개발이 시도되고 있다.

예를 들면, [그림 2-10]과 같이 세라믹 입자를 코팅한 분리막이 개발돼[5] 대형 전지에 중점적으로 사용되고 있다. 그러나 그와 같은 노력에도 불구하고 전기자동차에 탑재된 리튬 이온 전지와 에너지 저장용 대형 리튬 이온 전지가 발화되는 문제는 완전히 해결되지 않고 있다.

출처 : 미쓰비시제지 주식회사 Nano Base X(http://www.k-mpm.com/bslnbx.php)

[그림 2-10] 알루미나가 코팅된 분리막

안전성 확보는 전지 기술의 매우 중요한 과제다. 이 과제를 해결하기 위해서는 불연성 전해질을 사용할 필요가 있다. 고체 전해질(특히, 세라믹계의 고체 전해질)은 불연성 또는 난연성이기 때문에 전지의 안전성을 확보하는 데 매우 중요하다.

고체 전해질에는 황화물계와 산화물계가 있다. 황화물계는 공기 중에서 연소되지만, 유기계 액체 전해질보다 훨씬 안전하다. 그렇지만 연소할 때 발생하는 SO_x는 유해하므로 주의해야 한다. 산화물계의 고체 전해질은 고온에서도 안정적이기 때문에 이 전해질을 사용하면 매우 안전한 전지를 제작할 수 있다. 고체 전해질을 사용하는 전고체 전지 기술은 전지의 궁극적인 목적인 '안전성 확보'라는 측면에서 매우 유망한 기술로 평가받고 있다.

3

리튬 이온 전지의 현황

리튬 이온 전지는 전기자동차와 에너지 저장 시스템의 전원으로 널리 사용되고 있다. 소형 기기용 전원으로 개발돼 현재는 스마트폰과 노트북 컴퓨터의 전원으로도 널리 사용되고 있으며, 그 사용 용도는 점차 확대되고 있다. [그림 3-1]은 리튬 1차 전지를 포함해 다양한 종류의 2차 전지에 대한 에너지 밀도를 나타낸다. 리튬 이온 전지는 납축전지의 3배 정도 되는 에너지 밀도를 지니고 있으며 다양하게 응용하는 데 적합하다.

최근에는 소형 리튬 이온 전지를 전기자동차에 적용할 수 있게 됐다. 소형 리튬 이온 전지는 출력 밀도가 작다. 반도체 디바이스의 저

전력화에 따라 소비 전력이 더욱 작아졌기 때문이다. $LiCoO_2$를 양극, 흑연 등의 탄소 재료를 음극으로 사용해 $700WhL^{-1}$의 에너지 밀도를 실현하고 있다. 이전에는 리튬 이온 전지가 발화해 안전상의 문제를 야기하기도 했지만, 출력 밀도가 작아지고, 안전을 확보하기 위한 분리막 기술과 안전 회로 기술이 진보됨으로써 소형 리튬 이온 전지의 발화 문제는 해결됐다.

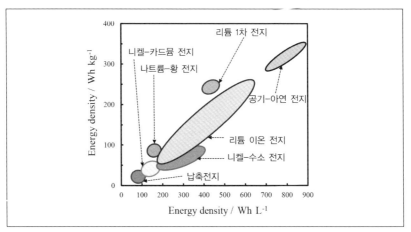

[그림 3-1] 다양한 전지의 에너지 밀도

[그림 3-2]는 리튬 이온 전지의 내부 구조를 나타낸다. 양극 시드와 음극 시트 사이에 분리막이 설치돼 있다. 전지는 길이가 긴 시트를 감아 제작한다. 양극은 알루미늄 집전체 위에 양극 활물질, 탄소 도전재, 고분자 바인더가 코팅돼 있으며, 두께는 수십 마이크로미터

(μm) 정도다. NMP(N-Methyl-2-Pyrrolidinone) 용매에 양극 활물질, 도전재, 바인더를 분산 혼합해 슬러리를 만든 후 이 슬러리를 알루미늄 집전체 위에 코팅하고 건조시켜 전극을 제작한다. [그림 3-3]은 이렇게 제작된 양극의 단면 구조를 나타낸 것이다. 여기서는 양극 활물질과 고분자 바인더 및 도전재가 균일하게 분산돼 있다는 점이 중요하다. 이 전극의 공극 내부에 액체 전해질이 스며들면 전지 반응이 진행될 수 있는 기본적인 조건이 갖춰진다. 액체 전해질은 자유롭게 변형되며 양극 활물질과 균일하게 접촉해 전기화학적인 반응 계면을 형성한다. 양극 활물질의 입경은 수 마이크로미터(μm)이고, 비표면적은 수 제곱미터(m²)로 표면적이 매우 크다. 이러한 구조는 큰 전류를 꺼내 쓰는 데 중요한 요소다. 세공 내부의 액체 전해질 속에는 Li⁺ 이온과 음이온(예를 들면, PF₆⁻ 이온)이 이동한다.

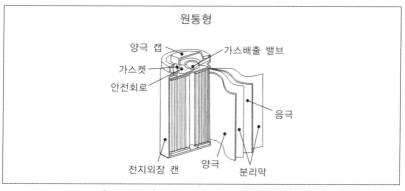

[그림 3-2] 리튬 이온 전지의 내부 구조

[그림 3-3] 리튬 이온 전지의 양극 단면 구조

리튬 이온 전지에서는 Li^+ 이온의 이동만이 반응에 기여하지만, 음이온의 이동도 발생하기 때문에 Li^+ 이온의 공급이 문제가 될 때도 있다. 전기자동차와 같이 고출력을 요구하는 용도로 사용할 때가 이에 해당한다. 따라서 공극의 양이 더욱 많은 전극을 제작해 Li^+ 이온이 원활하게 공급되도록 하는 것이 중요하다. 다공성 구조는 전극의 단위 면적당 용량 밀도를 저하시키고, 결과적으로 전지의 에너지 밀도를 저하시킨다. 이러한 현상은 고체 전지에도 동일하게 적용된다. 전극을 두껍게 하면 전극층의 내부에 전위 분포가 발생하면서 반응이 충분한 속도로 일어나지 않게 된다. 고체 전지에서는 확산 현상이 일어나지 않기 때문에 계면저항이 커지면서 전극층을 충분히 사용할 수 없게 된다.

현재 고출력을 요구하지 않는 용도로는 $300Whkg^{-1}$($600WhL^{-1}$), 고출력을 요구하는 용도로는 150Whkg^{-1}(300WhL^{-1})의 에너지 밀도를 지니고 있는 리튬 이온 전지가 사용되고 있다. 고출력 리튬 이온 전지에서는 상대적으로 얇은 두께를 가진 양극과 음극이 사용된다. 전기자동차용 전원으로 사용되는 대형 리튬 이온 전지는 고출력이 필요하기 때문에 얇은 두께의 전극을 이용해 높은 에너지 밀도를 지니고 있는 전지를 제작하기 위해서는 LiCoO$_2$를 대체할 수 있는 새로운 양극 재료가 필요하다. Co 대신 Ni를 이용한 LiNiO$_2$가 고용량을 구현할 수 있는 활물질로서 연구돼 왔지만 Li$^+$ 이온의 출입(충전과 방전)에 수반돼 구조가 변하기 때문에 전극의 수명이 짧아지면서 긴 수명을 지닌 전지를 제작하기가 어려웠다. 이런 배경에서 LiNiO$_2$의 구조를 안정화시키는 방법으로 Ni 일부를 Co와 Mn으로 대체한 LiNi$_x$Mn$_y$Co$_z$O$_2$(x+y+z=1)가 개발됐고, 실제로 전기자동차용 리튬 이온 전지의 양극 재료로 사용되고 있다. 이 양극 재료는 160~220mAh^{-1} 정도의 용량을 나타내며, 전지의 에너지 밀도 향상에 크게 기여하고 있다. Ni계의 양극 재료를 이용해 제작한 전기자동차용 리튬 이온 전지가 가지는 에너지 밀도의 표준 값은 200Whkg^{-1}(400WhL^{-1})이다.

리튬 이온 전지의 또 한 가지 중요한 특징은 '에너지 저장'이다. 에너지 저장은 이산화탄소 삭감에 매우 중요한 에너지 기술이다. 아무리 많은 전기자동차가 주행하더라도 그 자체만으로 이산화탄소를 대폭 삭감할 수 있다고 단정하기는 어려우며, 이산화탄소 삭감은 전력을 어떻게 생산할 것인지에 달려 있다.

출처 : 웨스턴그룹홀딩스 시공실적(이와테현 이치노세키시, 2012년 8월 완공)
https://www.west−gr.co.jp/case/1999/

[그림 3-4] 광대한 토지에 설치된 태양광 발전 시설

즉, 전기자동차를 충전하는 데 필요한 전기 에너지를 생산하는 과정에서 대량의 이산화탄소가 배출된다면 전기자동차가 환경친화적이라고 말하기 어려운 것이다. 따라서 이산화탄소를 삭감하기 위해서는 반드시 자연 에너지 기반의 전력을 사용해야 한다. 하지만 태양광·풍력 발전은 계절의 변동이나 낮과 밤의 변동 등 그날그날의

기상 상태에 크게 달라지기 때문에 전기 에너지를 안정적으로 생산할 수 없다. 이러한 이유 때문에 자연 에너지를 전력 계통망에 직접 도입할 수 없는 것이다. 따라서 불안정한 전력을 안정화시키기 위해서는 2차 전지 설비가 필요하다. 지금까지는 니켈-수소 전지나 납축전지를 사용해 자연 에너지를 안정화시켜 왔으며, 이를 위해서는 [그림 3-4]에[6] 나타낸 것과 같이 광대한 토지가 필요하다. 그 이유는 전지의 에너지 밀도가 작기 때문이다.

FM Global conducts fire research on a lithium-ion battery storage system at its research center in West Glocester, Rhode Island.

https://www.spglobal.com/marketintelligence/en/news-insights/latest-news-headlines/51900636

[그림 3-5] 리튬 이온 전지 설비에서의 화재(시험)

납축전지에 비해 3배 이상의 에너지 밀도를 지니고 있는 리튬 이온 전지가 주목받고 있는 이유이기도 하다. 향후에도 리튬 이온 전지를 이용한 전력 안정화 기술은 계속 발전할 것이라 생각한다.

한편, [그림 3-5][7]에 나타낸 것과 같이 자연 에너지용 리튬 이온 전지 설비에서 화재가 발생할 수 있다. 이는 중대형 에너지 저장 장치의 사용이 확대될 것이라 예상하는 현시점에서 향후 보다 안전한 2차 전지 설비가 필요하다는 방증이다. 이것이 바로 전고체 전지가 주목받고 있는 이유다.

4

혁신 전지의 필요성

4.1 혁신 전지의 의의

리튬 이온 전지의 우수한 에너지 밀도에 힘입어 전기자동차, 스마트폰 등과 같은 분야의 산업이 큰 폭으로 성장하고 있다. 리튬 이온 전지의 용도는 향후에도 지속적으로 확장될 것으로 전망되는데, 환경과 에너지 문제를 생각하면 더욱 큰 에너지 밀도를 지니고 있는 전지가 필요한 상황이다. 이에 부합하는 것이 '혁신 전지'다. 혁신 전지의 실현이 미래의 환경과 에너지 문제를 해결하는 중요한 기술 과제 중 하나로 인식되고 있다.

왜 에너지 밀도를 높여야 하는지 이산화탄소 배출의 관점에서 생각해 보자. 예를 들어, 가솔린차에서 방출되는 이산화탄소의 양은 차체를 제조할 때의 배출량, 차체 폐기 또는 리사이클할 때의 배출량, 주행할 때의 배출량을 모두 합해 얻어진다. 여기에 전지를 제조할 때의 이산화탄소 배출량을 더하면 전기자동차가 배출하는 이산화탄소의 양이 된다. 전기자동차 및 가솔린차가 주행할 때 배출하는 이산화탄소의 양은 자동차의 전비 또는 연비, 발진할 때 또는 가솔린 생산 과정에서 배출되는 이산화탄소의 배출량에 달려 있다.

단위 전력당 배출되는 이산화탄소의 양은 국가별로 크게 다르다. [표 4-1][8]은 세계 여러 나라에서의 이산화탄소의 배출량을 나타낸다. 수력 발전을 주로 이용하는 캐나다에서는 발전할 때의 이산화탄소의 배출량이 적으며, 미국과 일본에서는 배출량이 많다. 이 책에서는 일본에서 전기자동차가 배출하는 이산화탄소의 양에 한정해 설명한다. [표 4-2]는 전기자동차와 가솔린차에서 발생하는 이산화탄소의 배출량을 계산하는 데 필요한 몇 가지 수치를 요약해 나타낸 것이며, [그림 4-1]은 이 수치들을 이용해 계산한 결과를 나타낸 것이다. 비교적 에너지 밀도가 큰 리튬 이온 전지를 탑재한 전기자동차에서 배출되는 이산화탄소의 양은 가솔린차보다 많지만, 7~9년 후에는 전기자동차가 유리하다는 것을 알 수 있다. 그 이유는 리튬 이온 전지의 제조 과정에서 배출되는 이산화탄소의 양이 비교적 많기 때문이다.

하지만 계산 과정에서 리튬 이온 전지의 수명에 관한 인자를 고려하지 않았다는 점에 유의할 필요가 있다. 전지의 수명이 20년 이상 된다면 아무런 문제가 없지만, 실제로는 3~5년 정도다. 이런 점을 고려해 [그림 4-1]을 다시 작성하면 [그림 4-2]가 되는데, 이 결과만으로는 전기자동차가 이산화탄소를 삭감한다고 말하기 어렵다. 물론 [그림 4-3]과 같이 전기자동차의 전력이 태양광 발전에 의해 공급된다면 전기자동차가 유리하다.

[표 4-1] 국가별 1kWh 발전 과정에서 배출되는 이산화탄소의 배출량

국가	이산화탄소의 배출량(kg)
캐나다	0.151
미국	0.456
프랑스	0.046
독일	0.450
이탈리아	0.342
스페인	0.293
스웨덴	0.011
영국	0.349
러시아	0.395
인도	0.771
중국	0.657
한국	0.526
일본	0.540

출처 : 일반사단법인 해외 전력 조사회, 인구 1인당 CO_2 배출량과 1kWh 발전당 CO_2 배출량(2015년)
(https://www.jepic.or.jp/data/g08.html)

이런 점들을 고려한다면 혁신 전지는 다음과 같은 특성이 있어야
한다.

① 에너지 밀도가 크다(예를 들어 3배).

② 수명이 길다.

③ 안전하다(앞에서 언급한 것처럼).

에너지 밀도가 높아지면 혁신 전지의 제조 과정에서 발생하는 이
산화탄소의 배출량은 감소한다. 일반적으로 전지의 무게와 이산화탄
소의 배출량은 비례 관계에 있기 때문에 동일한 양의 에너지를 가벼
운 전지로 공급할 수 있다면 전지의 제조 과정에서 배출되는 이산화
탄소의 양을 줄일 수 있다. 전지의 수명을 늘이는 것 또한 전지 제조
과정에서 발생하는 이산화탄소의 배출량을 감소시키는 방법이다. 이
때 안전성은 이산화탄소의 배출량과 관계가 없다. ① ~ ③을 만족하
는 전지로 고체 전지를 꼽을 수 있다. 고체 전해질을 이용하면 안전
한 전지를 만들 수 있고, 고체이기 때문에 부재료도 안정적이며 수
명이 길다. 또한 리튬 금속과 같은 고용량 재료를 음극으로 사용하
면 에너지 밀도가 큰 전지를 만들 수 있는 가능성이 높아진다. 혁신
전지는 이산화탄소 삭감에 필수적인 축전 디바이스이며, 그중에서도
전고체 전지는 큰 기대를 모으고 있다.

[표 4-2] 전기자동차 및 가솔린차에서 발생하는 이산화탄소의 배출량 데이터

	항목	이산화탄소의 배출량(kg)	참고
차체	가솔린차 (1300kg) 제조	2824	[9] *1, 2
	전지를 제외한 EV($x$kg) 제조	$2824 \times [(x -10.4 \times y) /1300]$	*3
전지	1kWh 전지팩 제조	75	[9] *4
주행(가솔린)	가솔린 1L 연소	2.32	[11]
1kWh 발전에서 배출되는 이산화탄소	현행 발전 방식 (일본)	0.54	[12]
	태양광 발전	0.038	[13]

전지 중량		중량(kg)	참고
	1kWh당 LIB 중량	10.4	[14]

	EV 1대에 탑재되는 전지 용량(kWh)	전지 용량 이용률(%)	전비 (km/kWh)	충전 1회당 주행거리 (km)	사이클 수명(회)	총 주행거리 (km)
EV(80kWh)	80	100	9	720	500	360000

EV용 LIB의 전비와 사이클 수명에 관한 추측

	전지 용량 (kWh)	주행거리 (km)[15]	전비 (km/kWh)	보증거리 (km)[15] *5	사이클 수명(회)
EV(40kWh)	40	400	10	160000	400
EV(62kWh)	62	570	9	160000	280

*1 : 그림 3의 축척비를 이용해 계산
*2 : 차량 중량은 [13]그림 3 'Fuel combustion in car'과 [10](2) 승용차 차량 중량별 이산화탄소의 배출량을 이용해 계산
*3 : 10.4＝1kWh당 전지 중량, y＝전지 용량(kwh)
*4 : 그림 2의 축척비를 이용해 계산
*5 : 정상 사용 조건하에서 배터리 용량이 80% 아래로 떨어졌을 때 무상 수리를 받을 수 있는 주행 거리의 상한

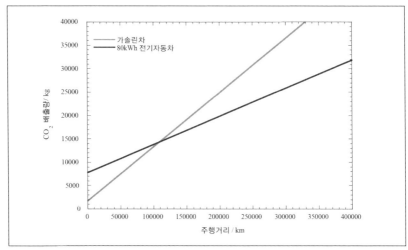

[그림 4-1] 전기자동차 및 가솔린차에서 발생하는 이산화탄소의 배출량

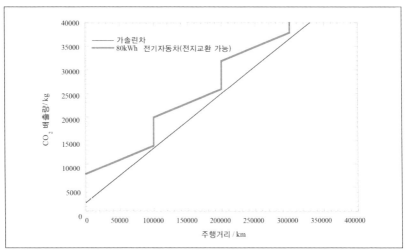

[그림 4-2] 실제로 배출되는 이산화탄소의 양([그림 4-1]을 재작성)

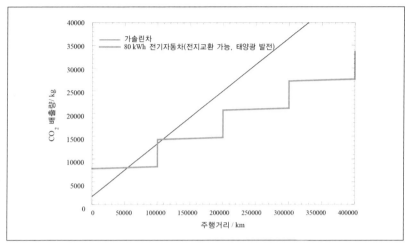

[그림 4-3] 태양광 발전으로 충전되는 전기자동차

4.2 리튬-황 전지와 리튬-공기 전지

황(sulfur, S) 양극은 이론적으로 $1,672 mAhg^{-1}$이라는 매우 큰 용량 밀도를 지니고 있다. 여기에 리튬 금속을 음극으로 사용하면 높은 에너지 밀도를 지니고 있는 2차 전지를 제작할 수 있다. 그러나 리튬 -황 전지는 사용되는 액체 전해질 중에서 방전 생성물의 중간체가 용출되는 문제가 있다. [그림 4-4]는 이와 관련된 반응 기구 모델을 나타낸 것이다. 이와 같은 반응이 진행되면 충전한 용량을 100% 꺼 내 쓰기 어렵다. 이러한 문제점이 리튬-황 전지의 실용화에 장애가

되고 있다. 이를 해결하기 위해 중간체가 용해되지 않는 새로운 액체 전해질의 개발과 리튬 금속 표면의 보호에 의한 중간체와 리튬 금속의 반응 억제 등이 검토돼 왔다. 이외에 전해질의 고체화도 한 가지 해결 방법이다. 고체 전해질을 사용한 전고체 리튬-황 전지에 관한 연구도 어느 정도 성과를 거두고 있다.

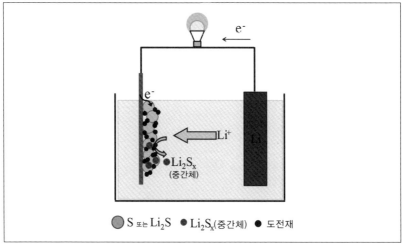

[그림 4-4] 리튬-황 전지의 반응 기구 모델

리튬-공기 전지는 전지 내부에서 리튬 금속이 음극으로 기능하며, 양극으로는 대기 중의 산소가 이용된다. 이 전지도 에너지 밀도가 크고, 혁신 전지로서 기대를 모으고 있다. 그러나 이 전지는 작동 원리상 양극이 대기에 개방돼 있으며, 이러한 구조가 음극인 리튬 금속의 성능에 악영향을 끼쳐 전지의 기능이 저하된다는 문제가 있다. 좀 더 구체적으로 설명하면, 대기 중에 존재하는 수분과 이산화탄소가 양극을 통해 전지 내부에 침투함으로써 음극이 자기방전을 하면서 전지 용량이 크게 감소하는 것이다. 리튬-황 전지도 이와 비슷한 문제를 안고 있다.

[그림 4-5]는 대기 중에 존재하는 산소 이외의 기체가 전지 내부에 침투했을 때 일어나는 반응을 요약해 나타낸 것이다. 이 반응을 억제하기 위해서는 공기를 받아들이는 장소에 [그림 4-6]과 같은 필터를 설치해야 한다. 하지만 이러한 필터를 설치하면 전지의 에너지 밀도가 저하된다.

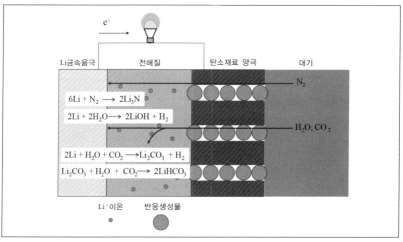

[그림 4-5] 산소 이외의 기체가 공기 전지 내부에 침입했을 때 생기는 반응

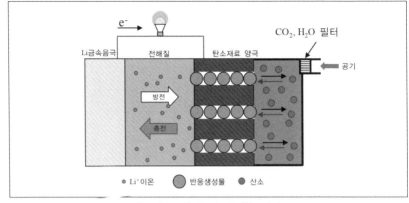

[그림 4-6] 공기 전지용 필터

　따라서 대기 중의 성분이 전지 내부에 침투해도 전지에 문제가 생기지 않도록 하는 것이 바람직하다. 이러한 목적으로 고체 전해질의 적용을 생각해 볼 수 있는데, 산화물계의 고체 전해질을 분리막으로 사용하는 연구가 실제로 진행되고 있다.

　리튬-황 전지는 물론, 리튬-공기 전지도 가능하면 고체 전해질을 사용하는 것이 바람직하다. 이미 이와 같은 연구가 진행되고 있으며, 그중 황화물계 고체 전해질을 사용한 전지가 우수하다는 평가를 받고 있다.

4.3 리튬 금속 2차 전지

리튬 금속 2차 전지는 앞서 설명한 리튬 이온 전지의 탄소 음극 대신 리튬 금속을 음극으로 사용한다. 리튬 금속 음극은 [그림 4-7] 과 같이 흑연 대비 큰 용량 밀도를 지니고 있기 때문에 전지의 에너 지 밀도를 향상시키는 데 매우 중요한 신규 음극 재료다.

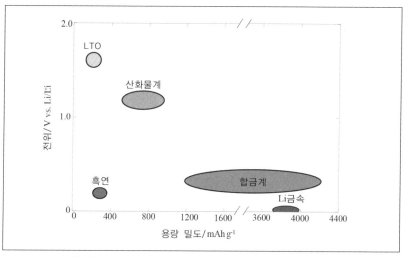

[그림 4-7] 리튬 금속 음극과 흑연 음극의 용량 밀도

이러한 리튬 금속과 리튬 이온 전지에서 사용돼 왔던 양극의 조합을 이용하면 고에너지 밀도를 지닌 전지를 제작할 수 있다. 400Whkg^{-1} 정도의 에너지 밀도를 지니고 있는 시작품은 이미 제조되고 있다.

하지만 [그림 4-8]에 나타낸 것처럼 에너지 밀도는 크지만 사이클 특성에는 문제가 있을 수 있다. 리튬 금속 전지의 사이클 특성은 리튬 금속 음극에서 진행되는 충·방전(석출·용해) 반응의 가역성에 영향을 받는다. 리튬 금속 음극에 석출·용해 반응을 반복적으로 진행시키면 [그림 4-9]와 같은 형태를 지닌 리튬 금속이 석출된다[16].

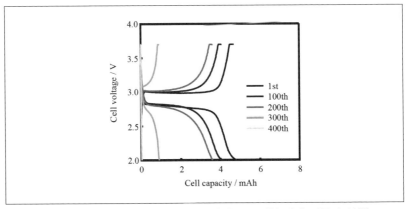

[그림 4-8] 리튬 금속 2차 전지의 사이클 특성(수지상 리튬의 영향)

이렇게 석출된 리튬은 나뭇가지 형상을 취하기 때문에 일반적으로 '수지상 리튬(dendritic lithium)'이라고 하며, 비표면적이 매우 키시 액체 전해질과의 반응성이 높다는 특성이 있다. 액체 전해질과 수지상 리튬이 반응하면 리튬 금속 음극의 용량이 감소하며, 이때의 반응 생성물이 음극과 분리막 사이에 축적되면서 전지의 저항을 증가시키는 요인이 된다. 결과적으로 전지의 충·방전 반응이 멈추면서 전지의 수명이 다하게 된다. 현재 리튬 금속을 이용한 전지를 개발하기 위해 새로운 전해액과 분리막에 관한 연구가 활발하게 진행되고 있으며, 200회 정도의 사이클이 가능한 시작품 전지가 제작되고 있다. 그러나 더욱 긴 수명을 지닌 리튬 금속 2차 전지를 구현하기 위해서는 고체 전해질을 이용하는 것이 하나의 해결책으로 제안되고 있다.

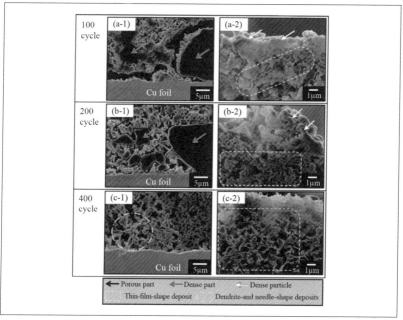

[그림 4-9] 수지상 리튬 금속

4.4 전고체 리튬 금속 2차 전지

전고체 리튬 금속 2차 전지는 앞에서 설명한 리튬 금속 2차 전지와 기본적인 구조는 같지만, 액체 전해질 대신 고체 전해질을 사용한다. 이러한 형태의 전지는 박막계 전지 분야에서 오래전부터 검토돼 왔다. 고체 전해질로는 Li_3PO_4에 N을 도핑한 LiPON이라 불리는 전해질이 사용되고 있다. LiPON은 $10^{-6}Scm^{-1}$ 정도의 Li^+ 이온 전도성을 지니고 있다. 이 전노율 수치는 전지의 전해질로 사용하기에 낮은 값이지만, 박막 형태로 제작하면 전지 작동 과정에서의 저항을 저감시키는 방법으로 극복할 수 있다.

[그림 4-10]은 박막 전지의 구조를 나타낸 것이다. $LiCoO_2$를 양극으로 사용하고 있으며, 모든 소재가 박막 공정에 의해 제작된 전고체형 리튬 금속 2차 전지다. LiPON은 리튬 금속과의 반응성이 낮으며, 리튬 금속 음극을 안정적으로 작동시킬 수 있는 고체 전해질이다. 전지 반응의 중요한 매개체인 Li^+ 이온은 양극에서 공급되기 때문에 본래 전지의 내부에 리튬 금속이 없어도 되지만, 충·방전 반응의 가역성을 유지시키기 위해 과잉의 리튬 금속이 사전에 셀 내부에 충진돼 있다.

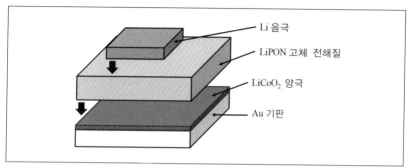

Li 음극

LiPON 고체 전해질

LiCoO₂ 양극

Au 기판

[그림 4-10] LiPON 고체 전해질을 사용한 금속 리튬 박막 전지의 구조

[그림 4-11]은 LiPON 고체 전해질이 적용된 박막 전지의 사이클 특성을 나타낸다. 3만 회의 사이클이 진행되는 과정에서 감소된 용량은 그리 크지 않으며, 전고체 전지의 수명이 매우 길다는 것을 알 수 있다.[17] 박막 구조이기 때문에 충·방전 속도를 크게 하더라도 충분한 성능이 유지된다. [그림 4-11]의 결과를 살펴보면 리튬 금속을 사용해도 충·방전 사이클이 안정적으로 진행된다는 것을 알 수 있다. 물론 가연성 재료는 거의 사용되지 않은 안전한 전지다. 그러나 에너지 밀도가 낮다. 박막 전지는 전지 전체의 중량에서 전극 활물질 중량이 차지하는 비율이 작기 때문에 에너지 밀도가 낮다. 더욱이 방전 용량이 작아서 용도도 제한적이다. 용량이 작기 때문에 결과적으로 전류 값도 작을 수밖에 없다. 적어도 이 전지를 전기자동차용 전지로 사용하는 것은 불가능하다. 이처럼 전고체형 리튬

금속 2차 전지의 일부 유용성은 인정되지만, 더욱 큰 용량을 지닌 전고체형 리튬 금속 2차 전지의 개발이 중요하다는 것은 명백한 사실이다.

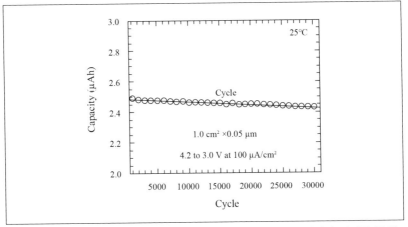

[그림 4-11] LiPON 고체 전해질을 사용한 금속 리튬 박막 전지의 사이클 특성

5

전고체 전지의 반응과 특징

5.1 전고체 전지의 반응

전고체 전지의 종류에는 리튬 이온 전지형, 리튬 금속 2차 전지형, 리튬 금속-황 전지형, 리튬 금속-공기 전지형이 있다. [그림 5-1]은 각 전지의 구조를 나타낸 것이다. 구조적으로는 액체 전해질을 사용한 전지와 비슷하며, 차이점은 사용되는 부재료가 다르다는 것이다. 리튬 이온 전지형을 제외하면 기본적으로 리튬 금속 2차 전지다. 현재 연구·개발에 있어 가장 앞서 있는 것이 리튬 이온 전지형 고체 전지이며, 그다음은 전고체 리튬 금속 2차 전지다. 리튬 이온 전지의 양극과 음극 및 리튬 금속 2차 전지의 양극에서 진행되는 반응은 Li⁺ 이온의 삽입(intercalation)과 탈리(deintercalation)다.

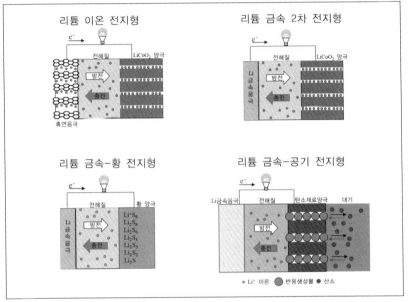

[그림 5-1] 각종 전고체 전지의 구조

한편, 전고체형 리튬 금속 2차 전지, 리튬 금속-황 전지, 리튬-금속 공기 전지의 음극에서의 반응은 리튬 금속의 석출과 용해다. 리튬 금속-황 전지의 양극 반응은 S와 Li의 반응이며 Li_2S가 생성된다. 리튬 금속-공기 전지에서는 O_2와 Li가 반응해 Li_2O_2를 생성한다. Li$^+$ 이온의 삽입과 탈리 반응과는 다른 양상의 반응이 진행된다. 리튬 금속-황 전지와 리튬 금속-공기 전지에 고체 전해질을 사용하면 이점이 있다는 것은 이미 앞에서 설명했다. 그러나 이 두 전지의 양극인 황 전극과 산소 전극의 특성은 여전히 개선이 필요한 상황이다.

한편, 리튬 이온 전지형과 리튬 금속 2차 전지형 전고체 전지는 양극으로 리튬 이온 전지에서 사용돼 왔던 삽입(intercalation) 반응 재료를 사용하기 때문에 전지를 쉽게 제작할 수 있다.

어떤 반응을 전극 반응으로 이용하는지에 따라 전지의 개발 방향이 달라진다. 기술적으로 가장 앞서 있는 것은 황화물계 고체 전해질, 산화물계 고체 전해질을 사용하는 리튬 이온 전지형, 리튬 금속 2차 전지형이다. 황화물과 산화물 모두 고체이며, 전해질과 양극으로는 분말을 사용하기 때문에 리튬 금속-황 전지와 리튬 금속-공기 전지와는 다르다. 리튬 이온 전지형과 리튬 금속 2차 전지형 전고체 전지에서는 양극 측에 액체 전해질을 사용하기 때문이다. 전고체 전지라는 의미에서는 황화물계 및 산화물계 고체 전해질을 사용한 전지가 진정한 고체 전지라고 할 수 있다.

황화물계 또는 산화물계 고체 전해질을 이용해 전지를 제작할 때의 반응에 관해 좀 더 상세히 알아보자. 리튬 이온 전지형 전고체 전지에서는 음극 활물질로 탄소계 분말을 사용하고, 양극 활물질로는 $LiNi_xMn_yCo_zO_2(x+y+z=1)$와 같은 리튬 함유 전이금속 산화물 분말을 사용한다. 고체 전해질과 활물질(양극 및 음극) 분말의 계면에서 전극 반응이 진행된다. 이와 동일하게 리튬 금속 음극과 고체 전해질 계면도 고체와 고체가 접촉해 만들어진다. 기본적인 반응은 액체 전해질을 사용할 때와 동일한 반응식으로 설명할 수 있다. 하지만 단순하게 고체와 고체를 접촉시키더라도 고체 전해질을 이용한 전지 내부에서는 [그림 5-2]에 나타낸 것과 같이 고체와 고체가 완전히 접촉되도록 계면을 형성시키기는 어렵다. 고체와 고체의 접촉은 점으로 이뤄진다. 이렇게 되면 저항이 커질 수밖에 없고, 전지 제작도 어려워진다. [그림 5-3][18]과 같은 접촉을 실현하기 위해서는 특별한 기술이 필요하며, 이것이 전고체 전지를 제작하는 핵심이다.

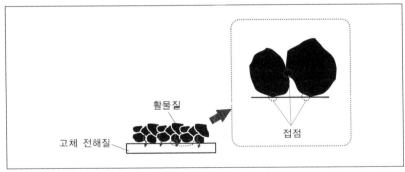

[그림 5-2] 고체-고체 접촉

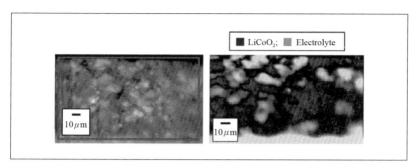

[그림 5-3] 양극 활물질과 전해질의 이상적인 접촉에 의한 계면 생성

[그림 5-4]는 활물질과 전해질이 접촉하는 계면의 면적이 전지 반응에 미치는 영향을 확인하기 위해 두 종류의 전극을 제작한 후 전기 화학 임피던스를 측정한 것이고, [그림 5-5]는 그 결과를 나타낸 것이다.

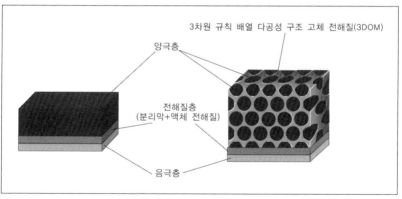

[그림 5-4] 계면에서의 접촉 면적이 다른 두 종류의 전극

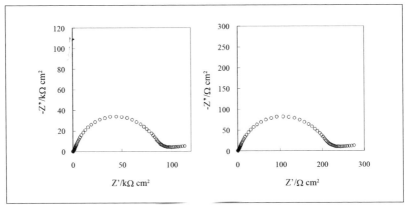

[그림 5-5] 계면에서의 접촉 면적이 다른 두 종류의 전극을 이용한
전고체 전지의 임피던스 스펙트럼

계면에서의 접촉 면적이 작은 전극의 임피던스는 매우 크며, 접촉 면적이 큰 전극의 임피던스는 상대적으로 작다. 그러나 단위 면적당 임피던스를 계산하면 두 전극의 임피던스 크기에는 큰 차이가 없다. 고체계 전지는 계면 형성이 얼마나 중요한지를 나타내는 좋은 예다. 여기서 이용한 분석 방법은 나중에 설명한다.

5.2 전고체 전지의 에너지 밀도와 출력 밀도

전고체 전지의 에너지 밀도와 출력 밀도는 이미 언급했지만, 앞으로 설명할 내용을 포함해 다시 한번 상세히 설명한다. 전고체 전지의 에너지 밀도를 결정하는 인자는 활물질의 이론 용량 밀도, 고체 전해질의 사용량과 밀도, 전지 외장 케이스, 집전체, 전극 탭 등이다. 이러한 인자에 의해 셀의 에너지 밀도가 결정된다. 예를 들어 [표 5-1]에 나타낸 셀 구성에 기반을 두고 전고체 전지를 제작한다고 가정해 보자.

[표 5-1] 전고체 전지의 구성

부재료	물성			
양극	150mAhg^{-1}	• 양극 30장(양극 1장당 0.83Ah) • 고체 전해질 : 양극 =1 : 9	• 양극 1장당 6.14g • 양극층 두께 50mm	• 184.2g • 두께 0.15cm
음극	372mAhg^{-1}	• 음극 30장(음극 1장당 0.83Ah) • 고체 전해질 : 음극 =0.5 : 0.95	• 음극 1장당 2.50g • 음극층 두께 30mm	• 75g • 두께 0.09cm
고체 전해질	50mAhg^{-1}	• 280cm^2, 1.4cm^3 • 밀도 2.5gcm^{-3} 15장	• 전해질 시트 1장당 3.5g	• 105g • 두께 0.15cm
Cu 집전체	10nm 두께	• 280cm^2, 0.28cm^3 • 밀도 8.94gcm^{-3} 15장	• 음극 1장당 2.50g	• 37.5g • 두께 0.15cm
Al 집전체	10nm 두께	• 280cm^2, 0.28cm^3 • 밀도 2.7gcm^{-3} 15장	• 양극 1장당 0.76g	• 11.4g • 두께 0.15cm
라미네이트 케이스	600cm^2	• 100mm 밀도 1gcm^{-3}	–	• 6g • 두께 0.02cm

전지 용량을 25Ah라고 했을 때, 필요한 활물질의 양은 양극이 165.7g, 음극이 71.3g이다. 실제로는 양극에 고체 전해질 분말을 혼합

하기 때문에 양극과 음극의 중량은 각각 184.2g과 71.3g이 된다. 이때 양극 및 음극의 면적을 280cm^{2}라고 하면, 용량이 25Ah가 되도록 하기 위해서는 양극과 음극이 각각 30장씩 필요하다.

고체 전해질만으로 형성되는 분리막 부분의 두께를 50μm로 가정했다. 라미네이트 케이스를 사용했으며, 양극 집전체로는 알루미늄박, 음극 집전체로는 동박을 사용했다. 이런 데이터를 기반으로 전지의 중량과 체적을 계산하면 320g과 200cm^{3}가 된다. 전지가 보유하고 있는 전기량은 25Ah이며, 선압이 3.7V이기 때문에 이 전지의 에너지 총량은 92.5Wh가 된다. 따라서 중량 에너지 밀도는 289Whkg^{-1}이며, 체적 에너지 밀도는 463WhL^{-1}가 된다. 실제로는 이 값의 80% 정도가 구현할 수 있는 에너지 밀도다. 중량 에너지 밀도는 그다지 크지 않지만, 체적 에너지 밀도는 비교적 큰 값이라 말할 수 있다. 체적 에너지 밀도가 큰 이유는 전지가 고체라서 전극 및 전해질 부분의 밀도가 크기 때문이다.

액체 전해질을 사용하는 리튬 이온 전지와 고체 전해질을 사용하는 전고체 전지의 에너지 밀도를 셀 단위에서 비교해 보면, 전고체 전지의 에너지 밀도가 크기는 하지만, 생각만큼 큰 것은 아니다. 그러나 여러 개의 셀을 모아서 제작되는 모듈을 비교해 보면 이와 사정이 다르다는 것을 알 수 있다.

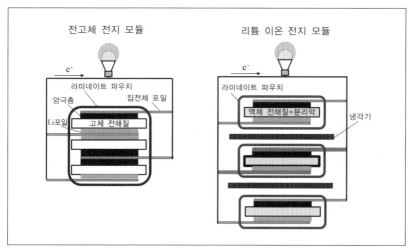

[그림 5-6] 전고체 전지의 모듈 스택(리튬 이온 전지의 모듈과 비교)

    [그림 5-6]은 전고체 전지를 이용한 2차 전지 모듈과 통상적인 리튬 이온 전지로 제작된 모듈의 개요를 비교해 나타낸 것이다. 전고체 전지에서는 온도가 높아도 전해질이 안정적이지만, 리튬 이온 전지는 높은 온도에서 용량이 급격하게 감소되거나 안전성이 저하될 가능성이 있다. 따라서 [그림 5-6]과 같이 리튬 이온 전지를 사용해 제작된 모듈은 공냉 또는 수냉을 위한 공간이 필요하다. 그러나 고체 전지에서는 이와 같은 공간이 필요하지 않다. 따라서 2차 전지 모듈의 에너지 밀도를 비교해 보면 체적 에너지 밀도는 고체 전지가 유리하다는 것을 알 수 있다. 또한 중량 에너지 밀도도 전지의 안전

성을 담보하기 위한 여분의 부재료가 필요하지 않기 때문에 고체 전지가 유리하다. 즉, 에너지 밀도 측면에서도 이론적으로는 고체 전지가 유리하다고 말할 수 있는 것이다.

그렇다면 출력 밀도는 어떨까? 출력 밀도는 전지의 에너지 밀도와 관련이 있기 때문에 일률적으로는 말할 수 없다. 동일한 출력 밀도를 달성한다고 가정했을 때, 이상적인 상태를 고려하면 이미 언급한 것처럼 Li^+ 이온의 운반율(transference number)이 1인 고체 전해질을 사용하는 것이 액체 전해질보다 두꺼운 전극을 사용할 수 있게 되므로 에너지 밀도의 향상을 기대할 수 있다. 즉, 고체 전해질은 고체와 고체의 접촉 문제가 해결되면 두꺼운 전극을 사용할 수 있기 때문에 에너지 밀도가 커진다. 고체 전해질 중에서의 이온 이동은 Li^+ 이온에 한정돼 있다는 점이 중요하다. 또한 황화물계 고체 전해질 중에는 액체 전해질 시스템보다 높은 Li^+ 이온 전도성을 나타내는 것이 있으므로 전고체 전지에서 높은 에너지 밀도와 높은 출력 밀도가 실현될 수 있을 것이라 기대된다.

5.3 전고체 전지의 계면

5.3.1 양극과 고체 전해질 계면

황화물계 고체 전해질과 산화물계 고체 전해질에서는 양극 활물질과 고체 전해질이 접촉해 형성되는 계면의 특성이 다르다. 황화물계 고체 전해질은 프레스 성형에 의해 전극이 제작된다. 이 방법에서는 황화물계 고체 전해질이 압력으로 변형되면서 리튬 함유 전이 금속 산화물에 밀착돼 계면을 형성한다. [그림 5-7][19]은 이렇게 제작된 전극의 단면 사진을 나타낸 것이다. 주사형 전자 현미경으로 관찰되는 수준에서는 비교적 양호하게 접촉하고 있는 것처럼 보인다. 그러나 계면 형성에는 원자 수준의 접촉이 요구되기 때문에 실제로 어떤 상태인지 명확하게 파악하기 어렵다. [그림 5-8]은 이러한 계면을 모식화해 나타낸 것이다. 계면의 물리화학적인 상태에 관해서는 계산 과학으로 얻어진 많은 연구 결과가 보고돼 있다. Li^+ 이온은 계면을 가로질러서 이동하며 전하 이동이 발생한다.

황화물계의 고체 전해질이 산화물계 양극 활물질과 직접 접촉하고 있을 때 계면에서 황화물과 산화물이 반응해 Li^+ 이온의 이동을 방해하는 층이 계면에 생성될 가능성이 있다. 이와 같은 현상을 방지하면서 Li^+ 이온이 원활하게 이동할 수 있도록 활물질의 표면을 다른 종류의 산화물로 코팅하는 방법이 제안돼 있다.

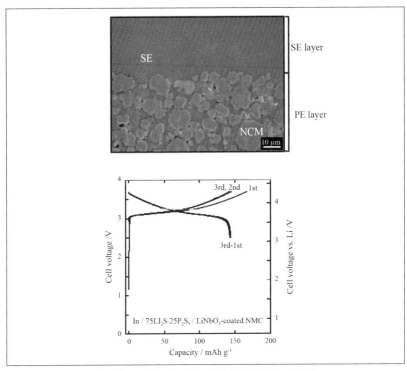

[그림 5-7] 황화물계 고체 전해질/양극 계면

LiNbO₃을 이용하면 원활한 Li⁺ 이온의 이동, 다시 말해 전하 이동 반응이 원활하게 진행되도록 할 수 있다. 고체 전해질과 양극 활물질의 비율은 1:9나 2:8로 하지 않으면 전극 용량을 높일 수 없기 때문에 고체 전해질 분체와 양극 활물질 분체의 분산 상태도 매우 중요하다. 황화물계 고체 전해질에는 활물질 표면에 고체 전해질을 코팅하는 방법이 실시되고 있다. 따라서 30% 정도의 체적 비율로 고체 전해질을 혼합하지 않으면 고체 전해질의 연속 층은 생성되지 않는다.

그러나 코팅 방법을 이용하면 적은 양의 고체 전해질을 이용해도 Li$^+$ 이온이 잘 전도되는 경로를 양극층 내부에 형성시킬 수 있다. 이러한 이온 전도성 매트릭스를 평가할 때는 계산을 이용해 미로 계수를 결정하는 것이 효과적이다. 미로 계수는 이론적으로 예상되는 이온 전도도와 양극층의 실제 이온 전도도의 비로 계산된다. 이온 전도성 매트릭스가 완전하게 형성돼 있으면 미로 계수는 1에 가까운 값이 돼야만 한다.

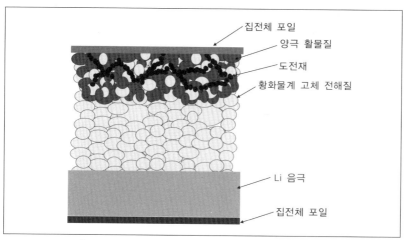

집전체 포일
양극 활물질
도전재
황화물계 고체 전해질

Li 음극

집전체 포일

[그림 5-8] 황화물계 고체 전해질/양극 계면 모델

그러나 실제로는 1보다 큰 값이 얻어진다. 가능한 1에 가까운 값을 실현해야 더욱 좋은 전지를 제작할 수 있다. 산화물계 고체 전해질을 이용할 때는 양극도 산화물이기 때문에 화학 반응이 일어나기 어렵다. 따라서 황화물계보다 더욱 안정적인 계면을 형성할 수 있다. 그러나 황화물계 고체 전해질일 때와 달리, 압력을 이용해 산화물과 산화물이 잘 접촉된 계면을 형성시키는 것은 기술적으로 매우 어렵다. 현재까지는 산화물계 고체 전해질과 양극 활물질을 혼합한 후 소결하는 방법이 제안돼 있다. [그림 5-9]는 고체 전해질과 양극을 혼합해 제작한 펠릿의 단면 사진과 이 펠릿을 열처리한 단면 사진을 나타낸다.

주사형 전자 현미경 사진만으로 판단해 볼 때, 열처리의 영향으로 전극층이 치밀해진 것은 명백한 사실이며, 양극 활물질과 고체 전해질이 서로 충분한 접촉을 하고 있는 것으로 보인다. 이 사진은 700℃ 정도의 온도에서 고체 전해질이 소결돼 고밀도의 양극층이 생성된 결과다. 여기서 유의해야 하는 점은 열처리 과정에서 양극 활물질과 고체 전해질이 서로 반응하지 않으면서 고체 전해질의 소결이 진행돼야 한다는 것이다.

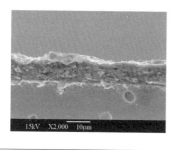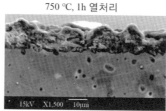

[그림 5-9] 산화물계 고체 전해질/복합 양극 계면(AD의 SEM 이미지)

즉, 그러한 조건을 만족시키도록 양극 활물질과 산화물계 고체 전해질을 선택하는 것이 매우 중요하다.

산화물계 고체 전해질일 때도 양극층 내부에 많은 양의 고체 전해질을 사용하면 전극의 용량 밀도가 저하된다. 이는 결과적으로 전지의 에너지 밀도 저하로 이어지기 때문에 양극층의 내부에는 가급적 적은 양의 고체 전해질을 사용하는 것이 바람직하다. 이와 같은 목적으로 양극 활물질 표면에 산화물계 고체 전해질을 코팅하는 것은 황화물계 고체 전해질일 때와 마찬가지로 효과적인 방법이다. 비교적 가소성이 크고 저온에서 소결할 수 있는 고체 전해질을 양극 활물질 표면에 코팅함으로써 전극이 소결된 후에 높은 이온 전도성을 지닐 수 있게 하는 방법이다. 소결을 하면 계면 접촉이 좋아지고, Li$^+$ 이온의 계면 이동도 원활하게 진행된다. 황화물계와 산화물계 각각의 고체 전해질을 양극 활물질 표면에 코팅을 하면 가능한 한 적은 양의 고체 전해질을 이용해 우수한 전해질/전극 계면을 형성할 수 있고, 전극층 내부에서의 높은 Li^+ 이온 전도성도 확보할 수 있다.

양극층은 전지의 충·방전으로 변형될 가능성이 있다는 점도 양극층 내부의 계면 접촉에 많은 영향을 미친다. 그 이유는 양극 활물질 중에 존재하는 Li^+ 이온의 양이 변하면 양극 활물질의 체적이 변하기 때문이다. 충·방전을 하면 양극 활물질이 수축과 팽창을 반복하기 때문에 고체 전해질과의 접촉이 느슨해지면서 Li^+ 이온의 이동이 방해를 받을 가능성이 있다. 전고체 전지의 사이클 수명은 이 현상과 밀접한 관계가 있다. 또한 고체 전해질의 가소성이 사이클의 수명에 영향을 미친다고 생각할 수도 있다. 황화물계 고체 전해질은 유연성이 뛰어나다는 물리적 성질을 띠고 있어 주변 상황에 따라 쉽게 변형되므로 사이클 수명의 관점에서는 바람직한 전해질이다. 산화물계 고체 전해질을 사용할 때는 가소성이 큰 재료를 양극층에 이용하는 것이 중요하다.

5.3.2 음극과 고체 전해질 계면

전지를 리튬 이온 전지형으로 제작할 때는 음극 활물질로 흑연계 탄소, 티타늄계 산화물, 실리콘 등을 사용하고, 리튬 금속 2차 전지형은 음극 활물질로 리튬 금속을 사용한다. 리튬 이온 전지형에서는 음극 활물질과 양극 활물질 모두 분체다.

여기에 가소성이 높은 황화물계 고체 전해질을 적용하면 비교적 쉽게 계면이 형성되지만, 음극 활물질과의 반응성에는 주의해야 할 필요가 있다. 이는 흑연계 탄소, 티타늄계 산화물, 실리콘 모두에 적용된다. 특히 실리콘계 음극은 이와 같은 전해질과의 반응성과 더불어 흑연계 탄소 또는 티타늄계 산화물보다 활물질 자체의 수축·팽창이 크므로 더욱 주의해야 한다. 흑연계 탄소, 티타늄계 산화물, 실리콘 음극에 산화물계 고체 전해질을 적용할 때는 음극층을 형성하기 위한 고체 전해질의 선정이 매우 중요하다. 기본적으로는 가소성이 충분한 전해질 재료를 선정해야 한다.

음극과의 전해질 계면은 단순한 면이기 때문에 리튬 금속을 음극으로 사용할 때는 황화물계 고체 전해질과 산화물계 전해질 모두 면과 면의 접촉을 어떻게 확보할지가 중요한 과제다. 기본적으로 계면에서의 접촉 면적이 작기 때문에 충분히 접촉해야 할 필요가 있다. 황화물계 고체 전해질은 물론, 산화물계 전해질도 리튬 금속과의 접촉이 문제다. 황화물계 고체 전해질은 고체 전해질의 조성을 최적화시켜야만 접촉성이 우수한 계면을 형성시킬 수 있다. 한편, 산화물계 고체 전해질을 사용할 때는 황화물계 고체 전해질과 달리, 고체 전해질의 성분에 따른 리튬 금속과의 반응성도 문제가 된다.

고체 전해질을 구성하는 성분에는 Ti를 함유하고 있는 재료가 많은데 Ti^{4+} 이온은 쉽게 환원되기 때문에 리튬 금속과의 반응성이 문제가 된다. $La_{0.57}Li_{0.29}TiO_3$(LLTO)로 대표되는 고체 전해질은 양극에 아무런 문제없이 적용할 수 있지만, 리튬 금속을 음극으로 사용하기 위해서는 중간층을 설치할 필요가 있다. 왜냐하면 리튬 금속은 환원력이 매우 강한 물질이기 때문이다. 리튬 금속뿐 아니라 탄소계 음극과 실리콘계 음극을 사용할 때도 문제가 된다.

Li^+ 이온 전도성을 띤 리튬 금속과 접촉했을 때 안정적인 고체 전해질로는 $Li_7La_3Zr_2O_5$(LLZO)를 들 수 있다. 이는 뛰어난 특성을 가진 재료로 산화물계 고체 전해질에 관한 최근의 연구에서는 이 재료를 이용할 때가 많다. LLZO는 전지용 전해질 재료로서 우수한 성질을 지니고 있지만, La를 함유하고 있기 때문에 염기성이 강한 재료로 분류된다. 따라서 공기 중의 이산화탄소를 흡수해 표면이 탄산화될 때가 있다. 이와 아울러 표면에 존재하는 불순물이 리튬 금속과의 접촉을 막기 때문에 리튬 금속 음극과 LLZO 전해질 계면을 접합시키기 위해서는 많은 노력이 필요하다. [그림 5-10][20]은 표면에 특별한 처리를 하지 않은 리튬 금속과 표면 처리를 실시한 리튬 금속이 LLZO와 접촉하고 있는 양상을 나타낸다. 좌측 상단의 (a)에서 리튬

금속이 LLZO와 제대로 접촉하고 있지 않다는 것을 알 수 있다. 전고
체 전지를 제작할 때는 이와 같은 문제를 해결해야 한다.

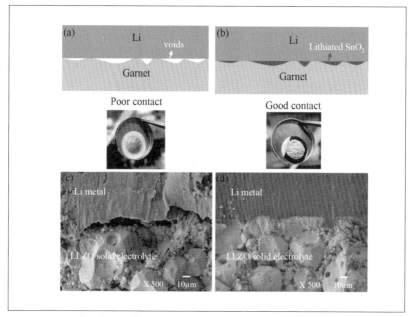

[그림 5-10] 리튬 금속과 LLZO 전해질 접촉의 양상

6

고체 전해질

6.1 황화물계 고체 전해질

[표 6-1][21]은 지금까지 제안된 몇 가지 황화물계 고체 전해질의 Li^+ 이온 전도율을 나타낸다. 이 중에서 $Li_{3.25}Ge_{0.25}P_{0.75}S_4$와 Li_6PS_5Cl은 $10^{-3}Scm^{-1}$ 정도의 Li^+ 이온 전도율을 지니고 있으며, [그림 6-1]에 나타낸 것과 같은 아기로다이트(Argyrodite) 결정 구조를 지니고 있는 Li_6PS_5Cl가 상대적으로 이온 전도율이 높다.

[표 6-1] 주요 황화물계 고체 전해질의 Li^+ 이온 전도율

고체 전해질 재료	이온 전도율($S\,cm^{-1}$ @R.T.)
$Li_{10}GeP_2S_{12}$	1.2×10^{-2}
$Li_{3.25}Ge_{0.25}P_{0.75}S_4$	2.2×10^{-3}
Li_6PS_5Cl	1.3×10^{-3}
$Li_7P_3S_{11}$	1.7×10^{-2}
$70Li_2S-30P_2S_5$	1.6×10^{-4}

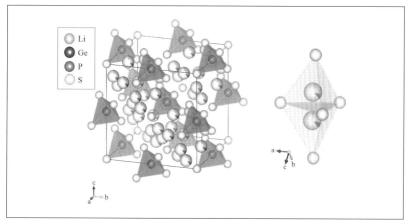

[그림 6-1] 아기로다이트 결정구조

$10^{-2}Scm^{-1}$이라는 수치는 전해질의 Li^+ 이온 전도율치고는 매우 큰 값이며, 비수계 유기 액체 전해질보다 이온 전도율이 크다. [그림 6-2][22]는 황화물계 고체 전해질의 Li^+ 이온 전도율이 온도에 어떻게 의존하는지를 아레니우스 플롯으로 나타낸 것이다. 이 결과로부터 Li^+ 이온 전도에 대한 활성화 에너지가 작고, 구조 내부에 포텐셜 장벽이 낮은

이동 경로가 존재하고 있는 것을 추정할 수 있다. 황화물계 고체 전해질에는 비정질 구조는 물론 결정 구조를 지닌 것이 존재한다. 실제로 고체 전지에서 사용되고 있는 전해질은 비정질 부분과 결정성 부분이 모두 존재하는 결정화 유리(Glass-Ceramic)다. 결정성 부분은 이온 전도성이 매우 높으며, 비정질 부분과의 협조적인 상호 작용에 의해 전해질 전체적으로 높은 이온성을 나타내는 것으로 알려져 있다. 현재도 황화물계 고체 전해질의 개량은 계속 진행되고 있으며, $10^{-1} \mathrm{Scm}^{-1}$ 정도의 이온 전도율을 지닌 전해질이 개발된다면 전고체 전지의 특성은 크게 변모할 것이다.

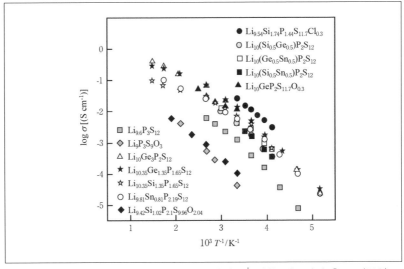

[그림 6-2] 황화물계 고체 전해질에 있어서 Li^+ 이온 전도성의 온도 의존성

어쨌든 황화물계 고체 전해질은 매우 흥미 있는 재료이며, 이 재료를 이용하면 고속 충·방전이 가능한 전지를 제작할 수 있는 확률이 높다. [그림 6-2]의 수치를 살펴보면, 전고체 전지의 특성이 유기계 액체 전해질을 사용하는 전지보다 결코 뒤떨어지지 않는다는 것을 알 수 있다. 높은 Li^+ 이온 전도성은 S^{2-} 이온의 유연한 성질에 기인하는 것이다.

황화물은 비교적 안정적인 재료지만 반응성도 크다. 예를 들면, 공기 중의 수분과 쉽게 반응하기 때문에 취급하는 데 주의해야 한다. 특히, 수분과 반응해 H_2S가 발생할 때가 있는데, 이는 전지를 제조할 때와 전지가 파손됐을 때 문제가 된다. 따라서 H_2S의 발생을 억제할 수 있는 황화물계 고체 전해질의 개발이 진행되고 있다. Sn을 함유한 재료계에서 H_2S 발생이 억제된다는 것으로 알려져 있지만, 이 재료계에서는 Li^+ 이온의 전도성이 낮아진다는 문제가 있다.

많은 종류의 황화물계 고체 전해질은 기계적 밀링(Mechanical Milling) 공정으로 제조된다. 예를 들어 기계적 밀링 공정에서는 Li_2S와 P_2S_5를 혼합한 후 유성 볼밀로 기계적인 압력을 가해 물질과 물질을 반응시킨다. 볼밀의 내부에서는 국소적으로 발생하는 열로 반응이 진행된다. 유성 볼밀을 사용했을 때의 반응 과정은 X선 회절법 등으로 규명돼 있다. [그림 6-3]은 볼밀을 이용해 Li_2S와 P_2S_5를 반응시켰을 때 X

선 회절 패턴이 어떻게 변하는지[23]를 나타낸 것이다. 기계적 밀링법으로 제조되는 시료의 대다수는 비정질적인 성질을 띤 재료다. 이 재료를 열처리하면 재료의 특정 부분이 결정화되면서 결정화 유리가 얻어진다. 그러나 이와 같은 제조 방법에는 한계가 있다. 실험적으로 소량을 제조할 때는 문제가 안 되지만, 대량으로 제조하기에는 적절하지 않다. 이런 한계를 극복하기 위해서는 볼밀 자체를 개량하거나 새로운 합성법을 검토해야 한다.

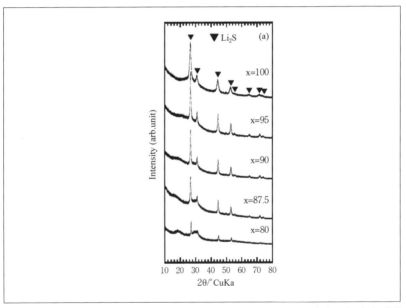

[그림 6-3] 황화물계 고체 전해질을 기계적 볼밀법으로 조정했을 때의 X선 회절 패턴

전극을 제조할 때 사용하는 황화물계 고체 전해질과 분리막을 겸해 사용하는 고체 전해질의 특성이 서로 다르다. 동일한 재료라 하더라도 입경 분포와 형상이 다르다. 따라서 각각의 목적에 맞게 최적의 재료가 제조돼야 할 필요가 있다. 향후 실제로 전지를 제작할 때는 이와 같은 점을 고려해야 한다.

6.2 산화물계 고체 전해질

앞에서 설명했듯이 전고체 전지에서 처음으로 사용된 고체 전해질은 $Li_{2.9}PO_{3.3}N_{0.46}$(LiPON)이다. LiPON은 리튬 금속에 안정적이며 PVD법에 의해 박막 형태로 쉽게 제조할 수 있기 때문에 고체 전지 연구의 초창기에 널리 사용됐다. 그러나 [표 6-2][21]에서 알 수 있듯이 LiPON의 Li^+ 이온 전도율은 $10^{-6}Scm^{-1}$ 정도로 결코 크다고는 할 수 없다. LiPON 이후에도 [표 6-2]와 같은 다양한 종류의 고체 전해질이 개발돼 왔다. 페로브스카이트(Perovskite) 구조의 $Li_{0.34}La_{0.51}TiO_{2.94}$(LLTO)는 $10^{-3}Scm^{-1}$ 이상의 큰 Li^+ 이온 전도율을 가진다. 또한 $Li_{(1+x)}Al_xTi_{(2-x)}(PO_4)_3$(LATP)도 Li^+ 이온 전도율이 크고, 공기 중에서도 안정적이며, 우수한 이온 전도성을 지니고 있는 재료이다.

[그림 6-4]는 몇 가지 산화물계 고체 전해질에 있어서 이온 전도성이 온도에 어떻게 의존하는지[24]를 나타낸다. 직선의 기울기에서

Li⁺ 이온 이동에 관한 활성화 에너지를 구할 수 있다. 이렇게 구해진 값은 0.3~0.5eV이다. 이 값은 황화물계 고체 전해질 재료에 비해 작지만, 전고체 전지의 재료로 사용했을 때 이온 전도체로서 기능하는 데 필요한 이온 전도성을 충분히 확보할 수 있다. [그림 6-5]는 고체 전해질의 안정성을 조사하기 위해 순환 전압전류법(Cyclic Voltammetry)을 실시한 결과를 나타낸 것이다.

[표 6-2] 주요 황화물계 고체 전해질의 Li⁺ 이온 전도율

고체 전해질 재료	이온 전도율(S cm⁻¹ @R.T.)
$Li_{1.3}Al_{0.3}Ti_{1.7}(PO_4)_3$	7.0×10^{-4}
$Li_{0.34}La_{0.51}TiO_{2.94}$	1.4×10^{-3}
$Li_7La_3Zr_2O_{12}$	5.1×10^{-4}
$Li_{2.9}P_{O3.3}N_{0.46}$	3.3×10^{-6}

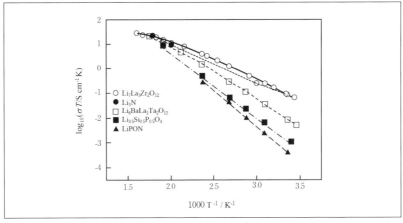

[그림 6-4] 산화물계 고체 전해질에 있어서 Li⁺ 이온 전도성의 온도 의존성

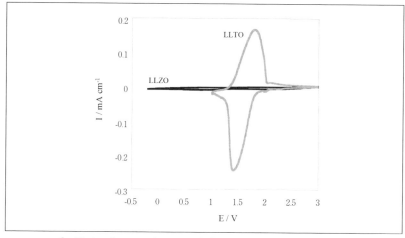

[그림 6-5] LLTO와 LLZO 산화물계 고체 전해질의 안정성

순환 전류전압법은 전기화학적으로 어떤 전위 영역에서 안정적인지를 확인하는 분석법이다. Li 금속 기준으로 약 1.5V 부근에서 명확한 산화·환원 반응이 관찰된다. 이 산화·환원 피크는 Ti의 산화·환원에서 비롯된 것이다. 이 결과에서 LLTO를 전해질로 사용할 때는 1.5V보다 낮은 전위에서 작동하는 리튬 금속 등을 음극으로 사용하는 것이 불가능하다는 사실을 알 수 있다. LATP에서도 이와 동일한 전기화학 반응이 관찰되며, 이와 같은 반응은 Ti를 함유하고 있는 고체 전해질의 문제점으로 인식되고 있다. 신규 고체 전해질로서 [그림 6-6]에 나타낸 것과 같은 가넷(Garnet)형 결정 구조를 지닌 LLZO가 제안됐다. LLZO는 Li^+ 이온이 이동할 수 있는 경로를 확보하고 있으며,

$10^{-3}Scm^{-1}$ 정도의 이온 전도율을 지니고 있다. [그림 6-5]는 순환 전압 전류법에 따라 LLZO의 안정성을 확인한 실험 결과를 나타낸 것이다. 리튬 금속의 석출·용해 전위에서 Li에 대해 5V 이상의 전위 영역까지도 안정적이라고 알려져 있다. La과 Zr 모두 산화·환원되지 않는 것으로 생각된다. [그림 6-7]은 LLZO를 사용한 리튬 금속 2차 전지가 1년 이상 안정적으로 작동했다는 결과를 나타낸 것이다. 즉, LLZO는 리튬 금속 음극을 그대로 사용할 수 있는 고체 전해질이다.

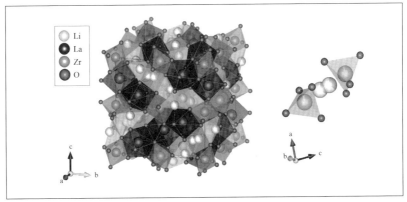

[그림 6-6] LLZO 결정 구조

LLZO에는 정방정과 입방정이 존재하는데, Li^+ 이온이 높은 전도성을 띠는 것은 입방정이다. 그러나 실온에서는 열역학적으로 정방정이 안정적이며, 입방정은 불안정한 구조이기 때문에 Al, Ta, Nb 등

의 원소를 도핑해 입방정을 안정화시킨다. Al을 도핑한 재료의 조성
은 $Li_{6.25}Al_{0.25}La_3Zr_2O_{12}$이며, 이온 전도율은 $10^{-3}Scm^{-1}$에 가까운 값을
나타낸다. Ta 도핑으로 이온 전도성을 더욱 향상시킬 수는 있지만,
Ta는 고가의 재료이기 때문에 전해질 비용이 상승한다. Nb 도핑으로
도 이온 전도성이 개선되지만, 리튬 금속과의 반응성이 높아 리튬
금속을 음극으로 사용할 수 없게 된다. 고체 전해질의 이온 전도성
을 향상시키는 것은 매우 중요한 과제이며, 실용적으로는 Al 도핑이
가장 유망하다고 할 수 있다.

[그림 6-7]에서는 LLZO 고체 전해질 분말을 소결해 LLZO 펠릿을
제조한 후 이 펠릿을 적용해 제작한 전지의 충·방전 결과와 1년간
안정적으로 작동하고 있다는 것을 알 수 있다. [그림 6-8]에 나타낸
것과 같은 셀을 제작하기 위해서는 LLZO 펠릿이 반드시 필요하다.

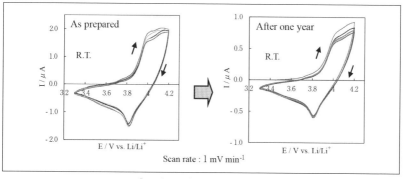

[그림 6-7] LLZO 안정성

LLZO의 소결 조건을 확보하는 것이 어려워 95% 이상의 고밀도 펠릿을 제작하는 것은 매우 어렵다. 이러한 어려움이 생기는 이유는 분말 표면의 탄산화 때문이다. 탄산염이 혼입돼 있을 때는 소성 과정에서 이산화탄소로 바뀌며 기체가 발생한다.

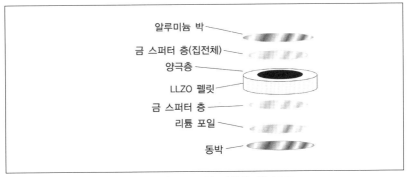

알루미늄 박
금 스퍼터 층(집전체)
양극층
LLZO 펠릿
금 스퍼터 층
리튬 포일
동박

[그림 6-8] LLZO를 이용한 셀 구조

이 기체 때문에 펠릿의 내부에 크랙이 발생하고, 소결이 어려워진다. 또한 많은 기포가 소결체 내부에 잔존하는 등과 같은 문제가 발생한다. [그림 6-9]는 LLZO를 소결한 펠릿의 단면 사진[25]을 나타낸다. 둥근 형상의 구멍 부분에는 기체가 존재하고 있는 것으로 추정된다. 이처럼 LLZO의 소결 공정에서는 탄산염을 제거하는 것이 중요하다.

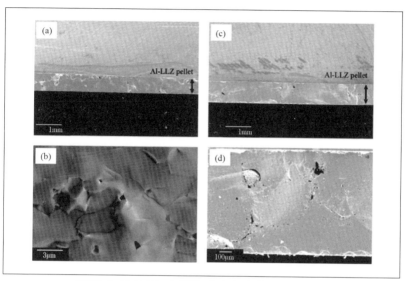

[그림 6-9] LLZO 소결체 펠릿의 단면 SEM 이미지

이를 위해서는 [그림 6-10][26]에 나타낸 것과 같은 승온 프로파일을 참조할 필요가 있다. [그림 6-10(b)]와 같이 예비 가열 공정을 거치면 균일한 소결체가 얻어지고, LLZO 분말을 프레스 성형한 후 900℃에서 가열하는 예비 가열 과정을 거치면 탄산염이 분해된다. 이후에 소결이 이뤄지는 온도(1,150℃)에서 열처리를 하면 기포 흔적이 적고 95% 이상의 소결 밀도를 지닌 LLZO 펠릿을 제작할 수 있다. [그림 6-11]은 이렇게 제작된 LLZO 펠릿의 Li^+ 이온 전도성[27]을 나타낸 것이다. 알루미늄(Al)이 도핑된 LLZO로 $10^{-3} Scm^{-1}$에 가까운 전도율을 지니고 있다.

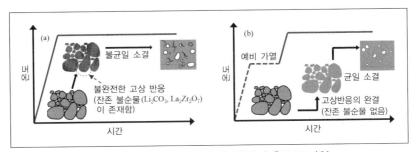

[그림 6-10] LLZO를 소성할 때의 승온 프로파일

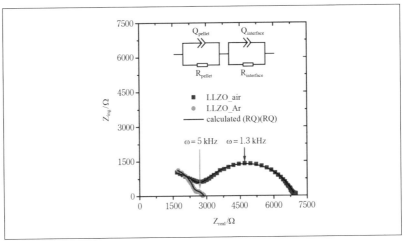

[그림 6-11] 탄산염을 제거해 제작한 LLZO의 Li^+ 이온 전도성

7

전고체 전지의 제작 방법

7.1 황화물계 고체 전해질 전지

황화물계 전고체 전지를 제작할 때는 압력에 의해 변형되는 황화물계 고체 전해질의 성질을 이용해 전지를 만들 수 있다. 이때는 양극 활물질 또는 음극 활물질과 황화물계 고체 전해질 분말을 균일하게 섞은 후 집전체 위에 프레스 성형해 전극을 만든다. 전자 전도성을 부여할 때는 탄소 분말 등을 첨가한다. 이렇게 제작되는 전고체 전지는 액체 전해질을 사용하는 리튬 이온 전지와 구조적으로 차이가 있다.

리튬 이온 전지는 분리막과 전해질 모두 전지의 중요한 구성 요소이지만, 전고체 전지에는 분리막을 사용하지 않는다. 고체 전해질이 분리막의 역할(양극과 음극의 직접적인 접촉 방지)을 겸하기 때문이다. 이는 전고체 전지의 장점 중 하나이지만, 전해질이 고체이기 때문에 전기화학 반응 계면을 인공적으로 생성시켜야만 한다.

7.1.1 양극층의 형성

황화물계 고체 전해질을 이용한 전지의 양극 활물질로서는 $LiCoO_2$나 $LiNi_{0.5}Mn_{0.3}Co_{0.2}O_2$가 사용돼 왔고, 이외에도 $LiFePO_4$ 등의 사용도 검토돼 왔다. 또한 고체 전해질의 높은 내산화성을 생각하면 충·방전 전압이 4.5V 이상인 양극 활물질의 사용도 고려해 볼 수 있다. $LiNi_{0.5}Mn_{1.5}O_4$는 4.7V 정도의 전압에서 작동하는데, 이러한 양극 재료를 검토하는 것도 중요하다. 황화물계 고체 전해질과 고전압계 양극 활물질과의 화학 반응에도 충분히 주의를 기울이지 않으면 안 된다. 양극 활물질 표면을 안정화하는 데는 이미 소개한 바와 같이 중간층을 형성하는 것이 효과적이다. 중간층으로 사용되는 재료는 황화물계 고체 전해질에 안정적으로 작용하면서도 양극 활물질과 반응하지 않는 물질을 선정해야 한다. 산화물과 산화물의 화학적 반응은 일어나기 어렵지만, 황화물과 산화물은 서로 반응해도 열역학적인 관점에서 전혀 이상하지 않으므로 양극 표면의 개질은 황화물계 고체 전해질의 양극을 제작할 때 필수라고 생각한다. 코팅층의 두께는 수 나노미터(nm) 정도가 바람직하다. 너무 두꺼운 코팅층은 전극 반응을 저해할 가능성이 있기 때문에 바람직하지 않은 반응을 억제할 수 있는 최저의 두께로 코팅할 필요가 있다. 따라서 양극 활물질에 대한 중간층의 코팅에는 기상 반응을 이용한 방법이 적합하다. 코팅하는 산화물의 전구체 등을 양극 분체와 함께 알코올 등의 용액에 분산시킨 후 가열 분무 건조를 실시해 입자 표면에 코팅한다. [그림 7-1]은 파우렉사의 코팅 장치[28]를 나타낸 것이다.

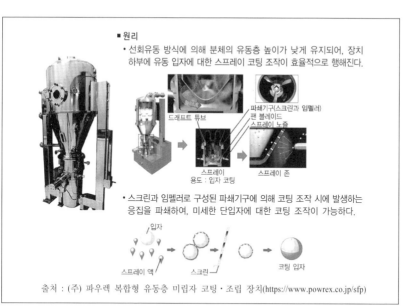

출처 : (주) 파우렉 복합형 유동층 미립자 코팅·조립 장치(https://www.powrex.co.jp/sfp)

[그림 7-1] 파우렉사 분무식 코팅 조립 장치

양극 활물질 중에서 가장 기대되는 재료는 삼원계 양극이며, 그중에서도 매력적인 재료는 Ni의 함유량이 큰 것이다. 특히 Ni의 함유량이 80% 이상인 재료가 선호된다. 삼원계 양극은 230mAhg^{-1} 정도의 용량 밀도를 가진 재료다. 양극을 제작할 때는 고체 전해질 입자와 함께 프레스 성형을 한다. 이때에는 전자 전도성 매트릭스와 이온 전도성 매트릭스가 균일하게 분산돼야 한다. [그림 7-2]는 이상적인 양극층의 구조 모델을 나타낸 것이다. 여기서 양극층의 용량은 양극 활물질의 용량 밀도뿐 아니라 첨가하는 황화물계 고체 전해질의 양에도 의존한다. 이온 전도성 매트릭스가 손상되지 않는 범위에서 황화물계 고체 전해질의 양을 줄이는 것이 바람직하다.

양극층 사이의 전해질 양을 최소화

[그림 7-2] 이상적인 양극층의 구조 모델

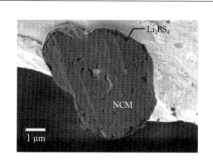

[그림 7-3] 황화물계 고체 전해질을 코팅한 양극 활물질 입자의 전자 현미경(SEM) 사진

이를 위해서는 단순히 황화물계 고체 전해질과 양극 활물질(산화물)을 혼합하는 것이 아니라 양극 활물질의 표면에 황화물계 고체 전해질을 코팅한 입자를 이용하는 것이 효과적이다. 이를 이용하면 최소한의 전해질 양으로 전극을 제작할 수 있으며, 전극 내부에 반응 계면을 확실하게 만들 수도 있다. [그림 7-3]은 황화물계 고체 전해질을 코팅한 양극 활물질 입자의 전자 현미경[29] 사진이다.

코팅을 하는 데는 몇 가지 방법이 있다. 가장 단순한 방법은 양극 활물질 입자와 황화물계 고체 전해질 입자에 기계적인 에너지를 가해 화학 반응을 일으키면서 혼합시켜 코팅하는 것이다. 양극 활물질과 황화물계 고체 전해질의 입경 비율을 충분히 고려할 필요가 있다. 기본적으로는 양극 활물질 입자가 고체 전해질 입자보다 커야 한다.

이와 같은 물리적인 방법과는 다른 화학적인 방법이 보고돼 있다. 황화물계 고체 전해질 Li_6PS_5Br은 알코올에 용해된다. [그림 7-4]는 에탄올에 용해된 상태의 사진이다. 에탄올에 황화물계 고체 전해질이 균일하게 용해돼 있는 모습을 볼 수 있다. 이 용액을 입자에 코팅한 후 용매인 에탄올을 증발시키면 입자 표면에 고체 전해질을 코팅할 수 있다.

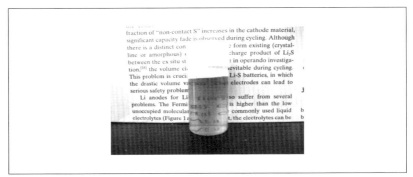

[그림 7-4] 에탄올로 용해한 Li_6PS_5Br

[그림 7-5]는 이 방법으로 제작한 전극의 계면 사진이다. 고체 전해질과 양극 활물질이 균일하게 분산돼 있다는 것을 확인할 수 있다. [그림 7-6][30]은 전극의 충·방전 거동을 나타낸다. 실온에서 충·방전이 가능하며, 양극으로서 충분히 기능하고 있다는 것을 알 수 있다.

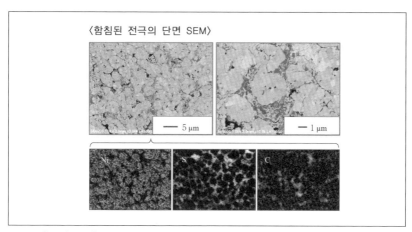

[그림 7-5] Li₆PS₅Br을 코팅한 양극 활물질 입자의 단면 SEM 사진

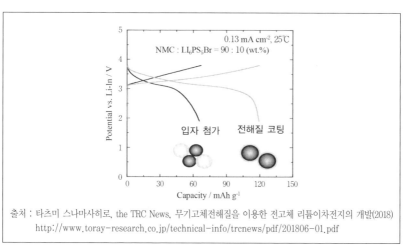

출처 : 타츠미 스나마사히로, the TRC News, 무기고체전해질을 이용한 전고체 리튬이차전지의 개발(2018)
http://www.toray-research.co.jp/technical-info/trcnews/pdf/201806-01.pdf

[그림 7-6] Li₆PS₅Br을 코팅한 양극을 이용한 충·방전 거동

한편, 제작된 양극층에 앞에서 언급한 전고체 전해질을 용해시킨 에탄올 용액을 도입시켜 건조하면, 매우 미세한 틈 사이에도 고체 전해질을 삽입할 수 있으며, 이로써 보다 우수한 전극 특성을 실현할 수 있다.

전고체 전지용 양극층의 제작 방법으로 고려되고 있는 것은 리튬이온 전지와 동일한 공정이다. 양극 활물질에 중간층을 코팅한 재료와 황화물계 고체 전해질을 용매에 분산시켜 슬러리를 만들고, 이 슬러리를 알루미늄 박(Foil) 집전체 위에 도포해 건조시킨 후 프레스해 전극을 제작하는 공정이다. 때에 따라서는 바인더나 도전재를 첨가할 수도 있다. 이렇게 제작된 전극의 특성은 실험실에서 충분한 압력을 가해 제작한 전극과 다르다.

동일한 공정으로 제작해도 전극 내부의 마이크로 구조가 다르다. 실제 생산용 공정에서는 전극 밀도의 저하가 우려된다. 전극의 두께는 전지 설계에 의존해 변하지만, 50~100um 전후의 전극이 될 것이다. 전극이 대량 생산에 가까운 형태로 제작된 적은 없으며, 프로토타입 생산 전의 단계에 와 있다고 말할 수 있다. 향후 기초적인 개발연구가 진전돼 실제 생산 공정으로 신속하게 이행될 필요가 있다.

양극 활물질로서 황(Sulfur) 양극의 연구도 진행되고 있다. 황을 기반으로 하는 재료는 순수한 황을 양극으로 사용할 때와 전이금속 황

화합물을 사용할 때가 있다. 에너지 밀도를 고려하면 전자가 유리하
다. 황 기반의 고체 전해질일 때는 황 기반의 양극을 이용하는 것이
보다 안정적인 계면을 형성할 수 있도록 해 주며, 우수한 충·방전
가역성을 기대할 수 있다.

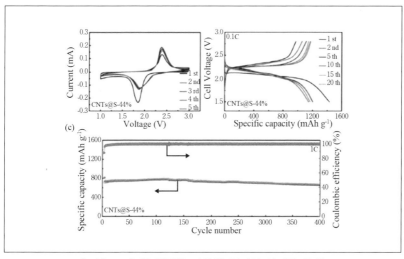

[그림 7-7] 황 양극을 이용한 전지의 사이클 특성

[그림 7-7]은 황을 양극으로 사용한 전지의 충·방전 사이클의 특
성[31] 사례를 나타낸 것이다. 2000 사이클에 걸쳐 황 전극이 안정적
으로 작동하고 있다. 그러나 실험실 수준에서 진행된 셀의 특성 평
가이기 때문에 실제로 사용하면 문제가 발생할 수 있다.

7.1.2 전해질층의 형성

양극층과 음극층의 중간에 위치하는 고체 전해질층은 치밀하고, 이온전도성이 높으며, 양극 또는 음극과 반응하지 않아야 한다. 양극에서는 산화 반응, 음극에서는 환원 반응이 일어날 가능성이 있다. 황화물계 고체 전해질일 때는 4.0V에서 작동하는 양극에 대해 화학적·전기화학적으로 안정적이지만, 음극이 리튬 금속일 때는 화학적으로 반응한다. 흑연 음극일 때와 같이 환원될 가능성이 있는 것이다. 실제로 황화물계 고체 전해질이 환원되면 계면에 Li_2S가 생성되며, 이렇게 생성된 Li_2S가 저항층으로 작용할 가능성도 있다. 또한 액체 전해질계에서와 같이 계면에 SEI가 형성되면 전해질의 추가 환원 분해 반응이 억제돼 충·방전이 가능해진다. 흑연 음극을 사용할 때는 반응에 참여하는 전극의 실제 표면적이 크기 때문에 SEI의 생성에 따라 계면 저항이 커져도 전극으로서 충·방전이 가능하다. 그러나 음극층과 전해질층이 직접 접촉하는 표면 부분에 SEI가 생성되면 커다란 저항 성분으로 작용할 가능성도 있다. 양극층 및 음극층과 전해질층의 계면에 관한 상세한 특성은 향후 규명이 필요한 연구과제다.

전해질층의 두께는 현시점에서 100um 정도일 때도 있다. 액체 전해질을 사용하는 리튬 이온 전지를 참고하면 분리막 부분의 전해질층 두께는 20um 또는 그 이하여야 한다. 이보다 큰 두께의 전해질층을 사용하면 저항이 커진다. 따라서 실제 전지에서는 얇은 전해질층을 형성할 필요가 있다. 전해질층은 매우 얇기 때문에 기계적 강도가 문제가 된다. 전지를 제작할 때는 전극을 적층할 때의 제조 공정을 검토할 필요가 있다. 어찌됐든 리튬 이온 전지에서 채용하고 있는 권회(Winding) 방식을 이용할 수 없다. 따라서 [그림 7-8]에 나타낸 것과 같은 적층(Stack) 방식이 필요하다. 20um의 고체 전해질층을 황화물계 고체 전해질만으로 만들 수는 있지만, 전지를 제작할 때 깨지거나 금이 갈 가능성이 높다.

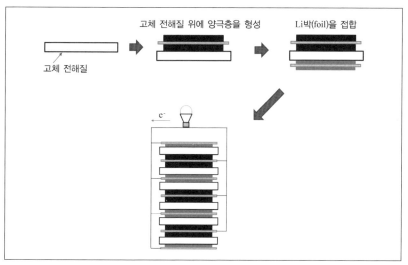

[그림 7-8] 적층식 전고체 전지 모델

고분자계의 바인더를 이용하는 방법도 검토할 필요가 있다. 고체 전해질층의 밀도는 전지 특성에 커다란 영향을 미치는 중요한 변수가 된다. 고체 전해질층의 Li^+ 이온 전도성은 전해질층의 밀도가 클수록 좋아지므로 프레스를 이용해 밀도를 높일 필요가 있다. 프레스에는 롤 프레스나 일축 프레스가 있지만, 정수압 프레스(Cold Isotactic Press, CIP)가 가장 적합한 방법이다. CIP를 이용해 고체 전해질층을 대량으로 제작하기 위해서는 대형 CIP 장치가 필요하다. 세라믹 성형에서는 커다란 것도 제작할 수 있기 때문에 그것을 응용하면 된다.

전해질층을 기계적으로 안정화시키는 방법으로서 [그림 7-9]와 같은 매트릭스를 이용하는 방법도 제안돼 있다. 폴리 이미드 등과 같이 열적, 기계적으로 우수한 특성을 지닌 엔지니어링 플라스틱을 이용해 [그림 7-10][30]과 같은 매트릭스를 제작한 후 매트릭스 내의 구멍에 황화물계 고체 전해질을 충진하고 프레스해 전해질층을 형성하는 방법이다. 플라스틱 매트릭스와 함께 프레스 성형하면 신축성 있는 전해질층을 형성할 수 있다. 이와 같이 제작한 전해질층을 이용해 리튬 이온 전지를 만들 수 있다. 기계적인 강도가 문제가 되는 박막 황화물계 고체 전해질의 시트 제작에 효과적인 방법이라고 할 수 있다.

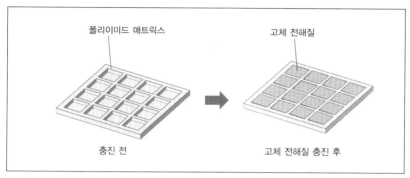

폴리이미드 매트릭스

고체 전해질

충진 전

고체 전해질 충진 후

[그림 7-9] 매트릭스를 이용한 고체 전해질

고체 전해질
을 채워넣음

출처 : 타츠미 스나마사히로, the TRC News, 무기고체전해질을 이용한 전고체 리튬이차전지의 개발(2018)
https://www.toray-research.co.jp/technical-info/trcnews/pdf/201806-01.pdf

[그림 7-10] 폴리 이미드를 이용한 매트릭스

7.1.3 음극층의 형성

탄소계 음극을 이용할 때는 양극층의 제작과 같이 탄소계 음극 재료와 황화물계 고체 전해질의 분체를 균일하게 혼합해 집전체인 동박(구리 Foil) 위에 프레스 성형하는 것이 된다. 흑연을 음극으로 이용할 때는 전자 전도성 매트릭스는 흑연만으로도 충분하고 이온 전도성

도 매우 높으므로 소량의 고체 전해질만 첨가하면 된다. [그림 7-11]
은 흑연 음극의 충·방전 사례[32]를 나타낸 것이다. 가역적으로 충·
방전이 진행되는 것을 확인할 수 있다. 이외에도 In 금속이나 Li 금
속이 음극 재료로써 이용돼 왔다. 전고체 전지의 에너지 밀도를 향
상시키기 위해서는 리튬 금속 음극을 사용해야 한다.

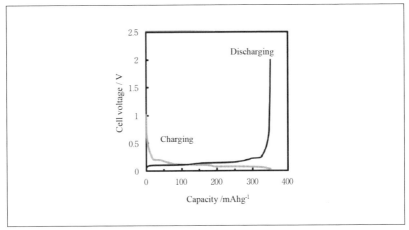

[그림 7-11] 흑연 음극의 충·방전 사례

리튬 금속 음극을 이용하는 데는 두 가지 큰 문제점이 있다. 하나
는 Li 금속 음극과 고체 전해질층의 접촉 부분으로, 리튬 금속과 황
화물계 고체 전해질의 젖음(함침)의 문제다. 앞서 언급한 바와 같이
산화물계 고체 전해질에 있어서도 이와 동일한 문제가 존재한다. 고체

전해질층과 Li 금속 음극층의 접촉을 개선하는 방법으로 [그림 6-8]에 나타낸 것과 같이 전극과 전해질 사이에 금(Gold)으로 이뤄진 중간층을 도입하는 것이 제안돼 있다. 금과 리튬 금속의 합금화에 의해 접촉이 크게 개선되면서 음극의 특성이 크게 향상됐다.

전극과 전해질의 양호한 접촉은 리튬 금속을 사용했을 때 발생하는 또 하나의 문제인 내부 단락과도 관련돼 있다. 접촉이 불충분하면 접촉하고 있는 부분에 전류가 집중되기 때문에 [그림 7-12]와 같은 수지상 리튬 금속이 생성되면서 단락이 발생한다.

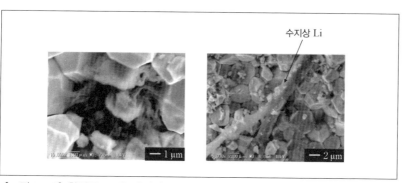

[그림 7-12] 황화물 고체 전해질/Li 금속 음극 계면에서 생긴 수지상 Li의 모습

균일한 접촉이 실현되면 단락 현상은 완화된다. 보다 균일한 접촉을 위해서는 고체 전해질의 개선이 필요하므로 LiI를 첨가하면 계면 접촉이 크게 개선된다는 것이 보고돼 있다. [그림 7-13]은 LiI가 첨가

된 전해질을 이용해 리튬 금속의 용해·석출을 반복했을 때의 전압 변화[33]를 나타낸 것이다. 사이클에 수반된 전압은 +와 -로 변동성을 나타내며, 일정 값 이상의 전류에서 급격하게 저하된다. 이 시점에서 리튬 금속의 영향을 받아 내부 단락이 일어난다. 단락 현상은 개선된 황화물계 고체 전해질과 Li 금속의 계면에서도 발생하며, 이러한 문제를 극복하기 위해 향후 한층 더 많은 연구가 요구되고 있다. 또한 전지 설계에 의존하겠지만, 단락을 유발하는 최대 전류치와 단위 면적당 용량에 관련된 규정이 필요하다. 리튬 이온 전지에 비해 에너지 밀도가 큰 리튬 금속 전고체 전지를 제작하기 위해서는 $10mAcm^{-2}$ 정도의 전류 밀도와 $5mAhcm^{-2}$ 정도의 용량 밀도가 하나의 기준이 된다. Li 금속을 이용할 때 단락이 발생하는 것은 쉽게 이해할 수 있는데, 리튬 금속이 아닌 탄소계 음극을 이용해도 리튬 금속에 의한 단락 현상이 생긴다. 이 현상의 원인은 음극층 내부의 전위 분포이며, 고체 전해질과 음극층이 접촉하는 계면에서의 전위가 리튬 금속의 석출 전위보다도 마이너스가 될 때 발생한다. 급속 충전을 했거나 음극이 열화됐을 때 이런 현상이 발생한다. 또한 저온에서 충전을 해도 같은 현상이 발생한다. 수지상 리튬 금속의 발생과 그에 따른 단락은 전고체 전지를 제작할 때 해결하지 않으면 안 되는 문제다.

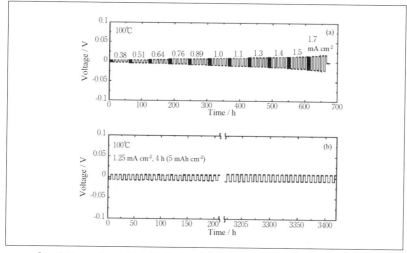

[그림 7-13] 리튬 금속의 용해·석출 거동에 수반되는 LiI 첨가 효과

7.1.4 셀

양극 활물질층, 전해질층 그리고 음극 활물질층을 적층하면 전고
체 전지가 된다. 그러나 단순한 접촉만으로 각 층의 이온 전도층이
연결되는 것은 아니다. 기본적으로는 셀 전체를 가압할 필요가 있다.
이렇게 가해지는 압력을 '구속압(Confining Pressure)'이라고 하며, 이 구
속압은 적절하게 조정할 필요가 있다. 구속압은 전극의 팽창·수축
에 의해 야기되는 셀의 열화를 억제하기 위해서도 없어서는 안 된다.
수 Ah ~ 수십 Ah의 셀을 이용해 구속압을 조정한 후에 모듈을 제작해
야 한다. 이 부분도 향후 극복해야 하는 과제로 남아 있다.

[그림 7-14]는 JST(일본 과학기술진흥기구)의 ALCA – SPRING(첨단 저탄소화 기술 개발–차세대 혁신 전지) 사업으로 실시돼 온 황화물계 고체 전해질을 이용한 전고체 전지의 에너지 밀도 추이를 나타낸 것이다. 연구·개발 사업 초기에는 라미네이트형의 전지를 제작할 수 없었지만, 전극층과 전해질층의 제작 기술이 진보하면서 셀 제작이 가능해졌다. 현시점에서는 전고체 리튬 이온 전지로 200Whkg^{-1}의 에너지 밀도를 실현하고 있다. 자동차용 리튬 이온 전지의 에너지 밀도와 같은 수준의 에너지 밀도가 달성되고 있다. 향후에는 대량 생산을 고려해 황화물계 고체 전해질을 이용한 전고체 전지의 제조 공정에 대한 검토가 필요하다.

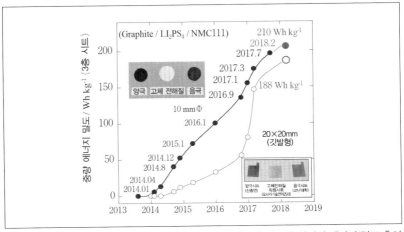

[그림 7-14] ALCA–SPRING 프로젝트에서 실시한 황화물계 전고체 전지의 에너지 밀도 추이

7.2 산화물계 고체 전해질 전지

산화물계 고체 전해질을 이용해 전고체 전지를 제작하는 공정은 황화물계 고체 전해질과 똑같은 문제를 안고 있다. 더욱이 산화물계 고체 전해질은 황화물계에 비해 단단하므로 압력에 의한 변형을 그다지 기대할 수 없다. 따라서 양극 활물질층, 음극 활물질층, 전해질층을 제작할 때는 몇 가지를 고려해야 한다. 산화물계 고체 전해질이 지니고 있는 단단한 성질은 대형 셀을 제작할 때 큰 문제가 된다. 셀을 제작하는 것이 가능하더라도 내충격성과 내진동성에 문제가 발생할 가능성이 있다. 그러나 이미 서술한 바와 같이 황화물계 고체 전해질과 달리 대기 중에 둬도 안정적이며, 반응이 일어날 때를 가정하더라도 유해한 휘발 성분이 발생하지 않는다. 전지의 제작 측면에서는 황화물계 고체 전해질보다 어렵지만, 취급이 쉽고 안전하다는 것이 산화물계 고체 전해질을 이용한 전고체 전지의 특징이다.

7.2.1 양극층의 형성

양극 활물질에는 황화물계 고체 전해질을 사용하는 전고체 전지와 마찬가지로 3원계 층상 산화물이나 고전압계 산화물 양극을 사용한다. 산화물계 고체 전해질은 황화물계 고체 전해질보다 전기화학적으로 전위 범위가 넓으므로 5V에 가까운 전압을 지니고 있는 양극 활물질을 사용할 수 있다. 고체 전해질상에 양극층을 형성하는 데는 몇 가지 방법이 있다. 특히 소결법을 이용할 때가 많은데, 양극 활물질의 분체와 고체 전해질 분체를 혼합해 소결한다. [그림 7-15]는 소결법의 일반적인 순서를 나타낸 것이다.

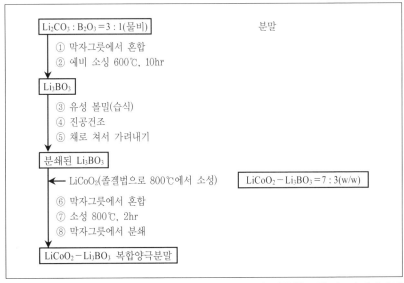

[그림 7-15] 양극 활물질 분체와 산화물계 고체 전해질 분체를 혼합한 복합 양극의 제작 순서

이 방법을 이용할 때는 몇 가지 제약이 있다. 그중 하나가 양극 활물질층과 고체 전해질 사이에 반응이 없어야 한다는 것이다. 소결하기 위해 고온에서 열처리를 진행할 때 양쪽 입자 간에 반응이 일어

날 가능성이 높다. 소결 과정에서 수축하는 부분은 주로 고체 전해
질인데, 양극도 다소 수축하는 것이 좋다. 고체 전해질의 소결은 이
온전도 패스(Path)를 확보하는 데 중요하고, 양극 활물질 간의 소결은
전자 전도 패스를 확보하는 데 중요하다. 고체 전해질의 소결 온도
는 물질에 따라 다르다. 비교적 저온에서 소결할 수 있는 고체 전해
질이 유망하다. LLZO는 리튬 금속과 반응하지 않는 우수한 전해질
이지만, 소결 온도는 1,150℃ 정도로 매우 고온이다. 따라서 LLZO를
사용해 양극층을 형성하는 것은 바람직하지 않다. 이 온도에서는 대
부분의 양극 재료와 반응한다.

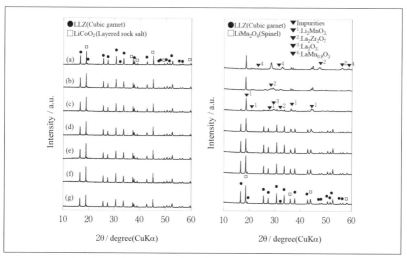

[그림 7-16] 소성 시 양극 활물질과 LLZO와의 반응성

[그림 7-16][34]은 LLZO와 몇 가지 활물질의 반응성을 X선 회절법으로 조사한 결과를 나타낸 것이다. LCO는 안정적이지만 이외의 양극 재료는 700℃의 온도에서도 반응한다. 인산염 화합물인 $LiFePO_4$도 안정적이지 않으며, LLZO 이외의 고체 전해질이 필요하다는 것을 알 수 있다.

LLTO나 LATP도 우수한 고체 전해질이지만, 두 가지 전해질 모두 소결 온도가 1,000℃ 또는 그 이상이기 때문에 양극층을 형성하는 데는 바람직하지 않다. 양극층용 고체 전해질로서 $10^{-6}Scm^{-1}$ 정도의 이온 전도성을 지니고 있는 Li_3BO_3가 제안돼 있다. 이온 전도성은 낮지만, 700℃ 정도의 온도에서 소결할 수 있으므로 양극층 형성에 적합한 고체 전해질이다. Li_3BO_3와 Li_2CoO_3의 고용체 등도 적합한 재료로 제안돼 있으며, Li_2SO_4도 양극층 형성에 사용할 수 있는 고체 전해질이다. 이들의 분체와 양극 활물질 분체를 혼합해 소결하면 [그림 7-17]에 나타낸 복합 양극 입자가 얻어진다. 고체 전해질과 양극 활물질 분체를 혼합해 분리막 부분을 구성하는 고체 전해질 위에 형성시키고 열처리를 하게 된다. 여기서 제안한 재료는 비교적 저온에서 소성할 수 있으면서도 가소성이 우수하다.

그러나 어느 물질이든 Li^+ 이온의 전도성은 낮다. 향후 가소성이 우수하고 비교적 저온에서 소성할 수 있는 신규 고체 전해질을 찾아내는 것이 중요하다.

[그림 7-17] Li₃BO₃ 분체와 양극 활물질 분체를 혼합해 소결할 때의 복합 양극 입자 모습

양극층을 형성하는 방법으로는 에어로졸 석출법이 사용되고 있다. 이는 활물질에 Li_3BO_3 등의 고체 전해질을 혼합해 에어로졸화한 후 고속으로 분출시켜 고체 전해질 기판 위에 퇴적시키는 방법이다. [그림 7-18]은 에어로졸 석출법의 원리와 장치를 나타낸 것이다.

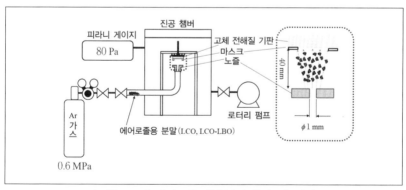

[그림 7-18] 에어로졸 석출법의 원리 및 장치

이 장치를 이용하면 양극층을 제작할 수 있다. [그림 7-19]는 실제로 제작된 전극층의 단면을 나타낸 것이다. LLZO 기판 위에 양극층이 형성돼 있다. 이 양극층은 밀도가 낮으며, 비교적 보이드(빈 공간)가 많이 존재할 것으로 생각된다.

[그림 7-20]은 이 전극층을 Li_3BO_3의 융점인 700℃에서 열처리한 결과를 나타낸 것이다. 활물질과 Li_3BO_3의 접촉이 더욱 조밀하게 이뤄져 양극층의 밀도도 높아져 있다. 이처럼 소결법과 에어로졸 석출법을 이용하면 양극층을 제작할 수 있으므로 가능한 한 이온 전도성이 우수한 고체 전해질을 양극층에 이용할 필요가 있다.

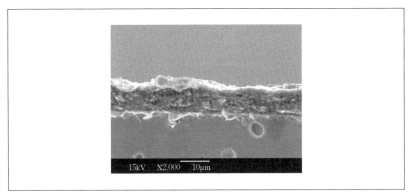

[그림 7-19] 에어로졸 석출법으로 고체 전해질 위에 형성시킨
양극층의 단면 SEM 사진

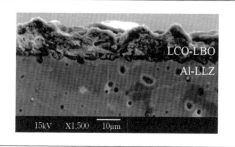

[그림 7-20] 에어로졸 석출법으로 막제작 후 700℃에서 열처리한
양극층의 단면 SEM 사진

7.2.2 전해질층의 형성

산화물계 고체 전해질 중에서 리튬 금속이나 흑연 음극에 안정적인 재료는 LiPON이나 LLZO이다. Ti계의 산화물은 이미 언급한 바와 같이 쉽게 환원이 되는 성질을 띠고 있기 때문에 음극과의 접촉으로 전자 전도성을 지니게 된다. 따라서 분리막 부분에는 사용할 수 없다. LLZO는 LiPON에 비해 Li$^+$ 이온 전도성이 우수하기 때문에 전 세계적으로도 연구의 중심이 돼 있다. LLZO의 소결에 관해서는 이미 논한 바와 같다.

소결체를 이용해 전지를 구성하기 위해서는 치밀한 소결체가 필요하다. 소결 조건을 최적화하면 95% 이상의 밀도를 지니고 있는 고체 전해질 펠릿을 제작할 수 있다. [그림 7-21]은 이 고체 전해질 펠릿의 양면에 리튬 금속을 부착한 후 리튬 금속의 용해·석출을 실시했을 때의 전압 변화[35]를 나타낸 것이다. 황화물계 고체 전해질과 마찬가지로 전류의 크기가 일정 값 이상이 되면 단락 현상이 발생한다. 작은 전류 값에서는 문제가 없지만, 큰 전류 값이 되면 단락이 일어난다. LLZO의 전자 전도성 때문에 아직도 이 문제는 해결되지 않고 있다. [그림 7-22]는 이와 관련해 단락된 샘플의 사진[36]이다. 회색으로 표시된 부분이 리튬 금속이며, 펠릿을 관통하고 있다. 이와 같은 현상이 일어난 이유는 아직 규명되지 않았다. 단락을 방지하는 방법을 찾는 것은 향후의 연구 과제다.

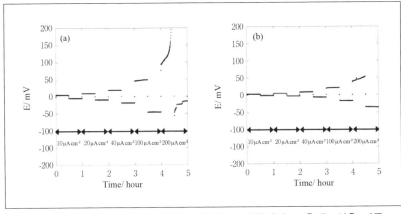

[그림 7-21] LLZO 전해질 펠릿을 이용한 Li 대칭셀의 Li 용해·석출 거동

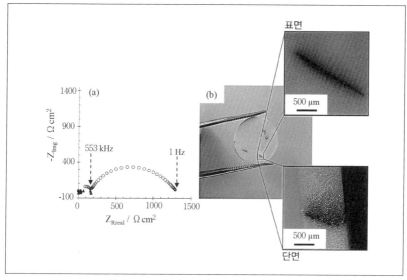

[그림 7-22] 내부 단락된 샘플의 사진

7.2.3 음극층의 형성

음극으로는 흑연 등의 탄소계 재료와 리튬 금속을 고려할 수 있다. 에너지 밀도 측면에서는 리튬 금속을 이용한 전지가 바람직하다. 리튬 금속 음극을 사용할 때의 문제점은 황화물계 고체 전해질에서와 마찬가지로 고체/고체 계면의 접촉이다.

중간층이 필요한 이유는 [그림 7-23]에 나타낸 것과 같이 리튬 금속과 LLZO 전해질의 젖음성(함침성)이 좋지 않기 때문이다. 금을 중간층으로 사용해 리튬 금속과 접촉시키면 합금화 반응이 진행되고,

결과적으로 계면 접촉을 크게 개선할 수 있다. [그림 7-24]는 중간층의 금속 막 두께와 계면 저항의 관계를 나타낸 것이다. 이로써 금으로 된 층이 50nm 정도이면 충분한 접촉이 이뤄진다는 것을 알 수 있다.

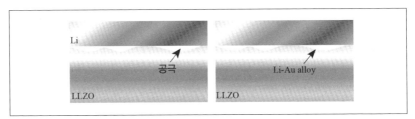

[그림 7-23] LLZO 전해질에 대한 리튬 금속의 젖음성(함침성)

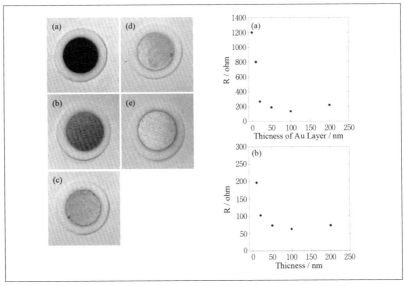

[그림 7-24] 금 층의 두께

NMC 등의 양극 활물질을 이용할 때, 원래대로라면 음극 측에는 리튬 금속이 필요하지 않다. 그러나 리튬 금속이 존재하면 리튬 금속 음극에서 진행되는 용해·석출 반응의 가역성이 좋아지므로 최소한의 리튬 금속을 사용해 전지를 제작한다.

고체 전해질과 리튬 금속 음극 사이에서 리튬 금속이 석출된 후 이것이 다시 용해되면 [그림 7-25]와 같이 셀의 체적이 변화한다. 이러한 체적 변화는 전지의 수명에 그다지 좋은 것이 아니기 때문에 가능한 한 음극의 체적 변화를 억제할 필요가 있다. 이 점을 고려해 최근에는 [그림 7-26]과 같이 음극 집전체의 구조를 제어하는 시도가 진행되고 있다.

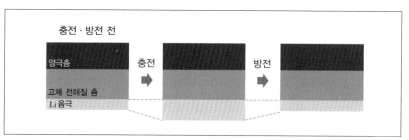

[그림 7-25] 고체 전해질/리튬 금속 계면에서 Li이 용해·석출될 때의 셀의 체적 변화

본래 구리 집전체는 평평한 구조를 지니고 있는데, [그림 7-26]과 같이 집전체를 다공 구조화시키면 리튬 금속이 석출되는 방향을 바

꿀 수 있다. 즉, 양극 쪽이 아니라 그 반대 쪽으로 리튬이 석출되도록 제어할 수 있다. [그림 7-27]에 실제로 석출된 리튬 금속의 전자현미경 사진을 나타낸다.

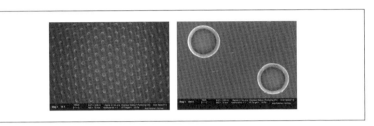

[그림 7-26] 다공질 집전체

[그림 7-27] 다공질 집전체를 이용했을 때의 Li 석출 모습

이 결과에서 다공질 집전체를 이용하면 리튬 금속의 팽창·수축에 따른 체적 변화를 매우 적게 할 수 있다는 것을 알 수 있다. 또한 이와 같은 양상으로 리튬 금속이 용해·석출하면 수지상 리튬 금속에 의한 전극의 내부 단락도 방지할 수 있다. 이는 전지 기술에는 집전체에 관한 연구가 중요하다는 것을 말해 주는 결과다.

7.2.4 셀

[그림 7-28]은 소결법으로 제작한 $LiCoO_2/Li_3BO_3 - Li_2CoO_3$ 전극과 리튬 금속을 이용해 제작한 셀의 충·방전 곡선[37]을 나타낸 것이다. 산화물계 고체 전해질을 이용해 비교적 양호한 특성이 얻어진 것을 알 수 있다. 그러나 전류 값이 작으며 양극층의 개선이 필요하다. 또한 전해질층도 500um 정도일 때가 많으므로 50um 이하의 두께로 소결된 고체 전해질막이 필요하다. 그러나 여기서 문제가 되는 것은 '기계적 강도'다. 이보다 얇은 전해질막을 취급하는 것은 무척 어렵다. 또한 대형 전지에서는 그 면적이 10cm×10cm 정도가 될 것이므로 전지를 제작하는 것은 불가능하다. 출력을 요구하지 않는 용도의 소형 전지라면 셀 제작이 가능하지만, 대면적의 전고체 전지를 산화물계 고체 전해질로 제작하기 위해서는 별도의 방안이 필요하다.

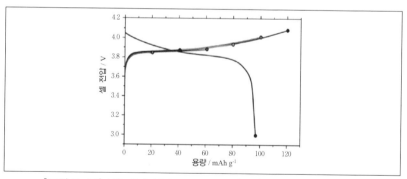

[그림 7-28] $LiCoO_2/Li_3BO_3-Li_2CoO_3$ 전극과 리튬 금속을 이용한
전고체 전지의 충·방전 곡선

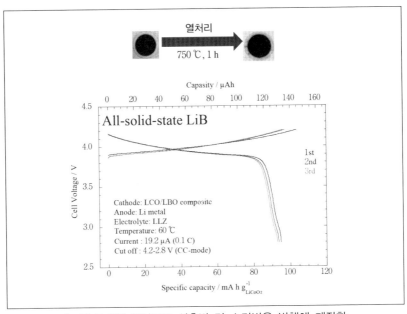

[그림 7-29] 에어로졸 석출법 및 소결법을 병행해 제작한
전고체 전지의 충·방전 곡선

[그림 7-29]는 에어로졸 석출법과 소결법을 병행해 제작한 전고체 전지의 충·방전 곡선을 나타낸 것이다. LiCoO₂ 또는 NMC를 양극 활물질로 이용하며, 전극층의 고체 전해질로서 Li₃BO₃를 이용한다. 충·방전 곡선은 안정적이다. [그림 7-30]은 이 셀의 율(Rate) 특성을 나타낸 것이다. 2C 정도까지는 충·방전이 가능하다는 것을 알 수 있다. 그리고 [그림 7-31]과 같이 30사이클 정도는 안정적인 충·방

전이 가능하다. 이는 산화물계 고체 전해질을 이용한 전고체 전지의 제작이 기본적으로 가능하다는 것을 나타낸다.

그리고 NMC 중에서도 Ni의 함유량이 높은 양극도 고체 전해질을 이용하면 안정적으로 사용할 수 있는 가능성이 있다. 또한 Li 리치 (Rich) 고용체 양극과 같이 비교적 높은 충전 전압이 필요한 양극 등도 사용할 수 있다.

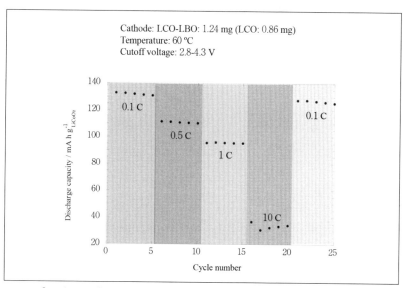

[그림 7-30] LiCoO₂/Li₃BO₃-Li₂CoO₃ 전극과 리튬 금속을 이용한 전고체 전지의 율(Rate) 특성

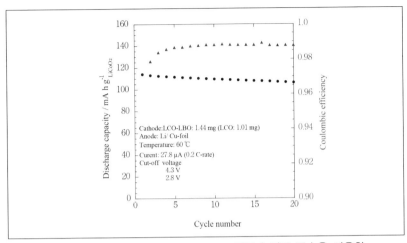

[그림 7-31] LiCoO₂/Li₃BO₃-Li₂CoO₃ 전극과 리튬 금속을 이용한
전고체 전지의 사이클 특성

7.3 컴포지트계 고체 전해질 전지

대형 전지를 제작할 때의 가장 큰 문제점은 '전해질막의 기계적인 강도'다. 대면적의 고체 전해질막을 제작하기 위해서는 많은 연구가 필요하다. 지금까지는 고분자 고체 전해질을 바인더로 이용해 제작하고 있으며, [그림 7-32]에 나타낸 것과 같은 마이크로 구조를 지닌 대면적의 고체 전해질이 제안돼 있다. 또한 미량의 이온성 액체를 첨가하는 것도 한 가지 방법이다. 이후에는 이온성 액체와 고분자 바인더를 이용해 제작한 대면적 고체 전해질막을 적용한 전지의 제작 방법을 설명한다.

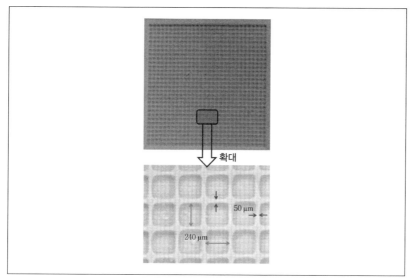

[그림 7-32] 마이크로 엠보스 구조의 LLZO 고체 전해질 시트

7.3.1 양극층의 형성

고체 전해질 부분에 고분자 바인더와 이온성 액체를 사용할 때는 양극 측에도 이와 동일한 구성으로 전극층을 제작하기가 쉽다. 양극 활물질, 바인더, 이온성 액체를 혼합한 슬러리를 제작해 알루미늄 집 전체 포일(박) 위에 도포한 후 건조시킨 다음, 프레스 성형을 하면 양 극층을 제작할 수 있다. [그림 7-33]은 이 공정을 나타낸 것이다. 이 렇게 제작된 전극의 충·방전 특성은 이온성 액체의 양과 바인더의 종류에 의존한다.

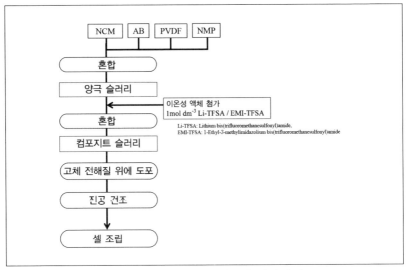

[그림 7-33] 컴포지트 양극의 제작 순서

    [그림 7-34]는 양극의 단면 구조를 나타낸 것이다. 사용하는 부재료와 제조 공정에 의존해 전극 내부의 마이크로 구조가 변화하며, 전극 특성은 이 구조에 의존한다. 전극 조성의 최적화가 필요한 이유는 바로 이 때문이다. [그림 7-35]는 최적화된 전극의 충·방전 특성을 나타낸 것이다. 사이클이 안정적으로 진행되며 양극으로서 기능한다는 것을 알 수 있다. LiCoO₂나 NMC 양극을 이용하면 컴포지트계의 양극층을 제작할 수도 있다. 이때 사용하는 이온성 액체량은 아주 소량이며, 습윤감은 보이지 않고, 반고체 상태의 양극층이 된

다. 기계적인 강도는 바인더 덕분에 유연성이 있는 상태로 내충격성 및 내진동성에 있어서 유리한 전극층이 된다.

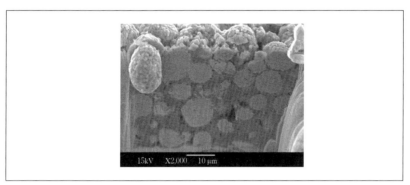

[그림 7-34] 컴포지트 양극의 단면 SEM 사진

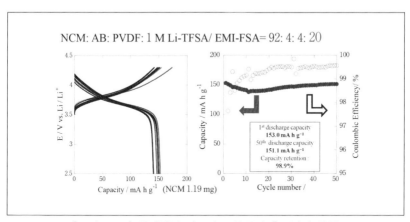

[그림 7-35] 최적화된 컴포지트 양극의 충·방전 특성

7.3.2 전해질층의 형성

고체 전해질 분말과 바인더와 이온성 액체를 사용해 제작한 컴포지트 전해질은 유연성이 있기 때문에 충분한 기계적 강도를 지니고 있다. [그림 7-36]은 LLZO를 고체 전해질로 사용해 제작한 LLZO 컴포지트 전해질막을 나타낸 것이다. 신축성 있는 전해질막이 제작됐다는 것을 확인할 수 있다. 이는 실제로 전지를 제작할 때도 유리한 특성이다.

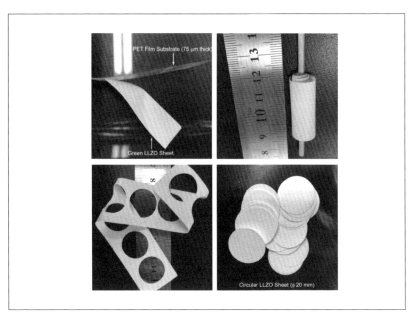

[그림 7-36] LLZO 컴포지트 전해질막

[그림 7-37]은 신축성이 좋은 전해질막의 제조 공정을 나타낸 것이다. 이온성 액체, LLZO 입자, 바인더를 혼합한 슬러리를 제작해 PET 필름 위에 도포한 후 건조시켜 막을 제작한다. 이 공정에 의해 100~40um 정도의 두께를 지닌 전해질막을 제작할 수 있다.

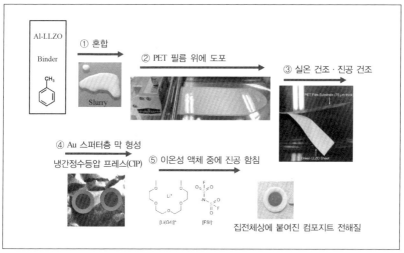

[그림 7-37] 컴포지트 전해질의 제작 순서

막을 제작한 후에는 CIP를 이용해 밀도를 향상시킬 필요가 있다. 이온 전도성은 컴포지트 전해질의 밀도에 크게 의존한다. [그림 7-38]은 최종적으로 제작 조건을 최적화한 컴포지트 전해질막의 이온 전도성을 평가한 결과를 나타낸 것이다. 이 결과에서 컴포지트 전해질의

Li$^+$ 이온 전도성은 10^{-4}~10^{-3}Scm^{-1} 정도로 평가된다는 것을 알 수 있다. 전도도는 LLZO의 양과 이온성 액체의 비율에 따라 달라지지만, 이온 전도성은 LLZO가 많을수록 높아지는 경향이 있다. [그림 7-39]는 이온 전도성이 온도에 어떻게 의존하는지를 나타낸 것이다. 이온성 액체, LLZO 고체 전해질 펠릿, 컴포지트 전해질이 이온 전도에 대응하는 활성화 에너지를 구해 보면, 컴포지트 전해질에서 가장 작은 활성화 에너지가 얻어진다. 이 결과는 컴포지트 전해질 중에 고속으로 이온이 전도될 수 있도록 기능하는 상이 존재한다는 것을 나타낸다.

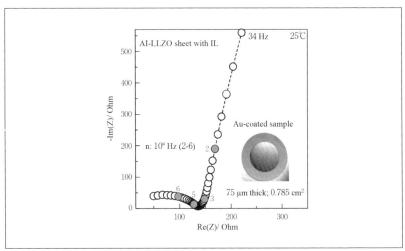

[그림 7-38] 컴포지트 전해질막의 이온 전도성

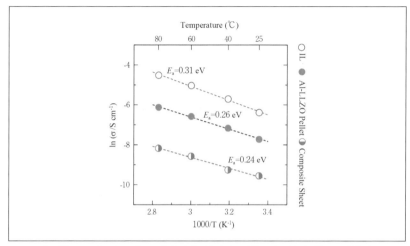

[그림 7-39] 컴포지트 전해질에 있어서 이온 전도성의 온도 의존성

7.3.3 음극층의 형성

음극에는 리튬 금속을 사용한다. 물론 흑연 등의 음극도 사용할 수 있다. 탄소계 분체 음극을 사용할 때는 양극처럼 컴포지트 음극으로 사용하는 것이 바람직하다. [그림 7-40]은 탄소 음극의 충·방전 특성을 나타낸 것이다. 음극은 60℃에서도 충분히 작동한다. 전지의 에너지 밀도를 생각하면 리튬 금속 음극을 사용하는 것이 좋다. [그림 7-41]은 컴포지트 전해질의 양면에 리튬 금속을 설치해 리튬의 용해·석출 반응을 진행시킨 결과를 나타낸 것이다. 저전류에서는 용해·석출 반응이 가역적으로 진행되지만, 전류가 커지면 단락 현

상이 발생하는 것을 알 수 있다. LLZO 소결 펠릿에서도 이와 동일한 단락 현상이 발생한다. 컴포지트 전해질을 이용할 때도 단락 현상을 해결해야만 전고체 전지를 제작할 수 있다. 리튬 금속과 컴포지트 전해질을 접촉시킬 때도 소결시킨 LLZO 펠릿과 같이 중간층이 필요하며, 이때도 금층이 효과적이다.

[그림 7-42]는 DC 스퍼터를 이용해 금층을 형성시킨 컴포지트 고체 전해질의 사진을 나타낸 것이다. 이 금층을 사이에 두고 리튬 금속과 컴포지트 고체 전해질을 접촉시키면 양호한 계면을 형성시킬 수 있다.

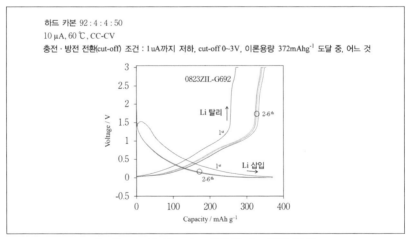

[그림 7-40] 컴포지트 음극의 충·방전 특성

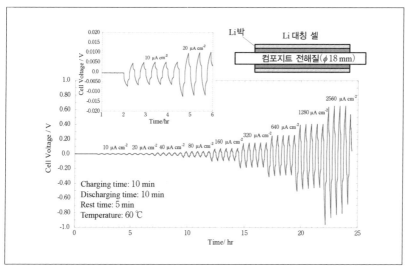

[그림 7-41] 컴포지트 전해질을 이용한 Li 금속 대칭 셀의 Li 용해·석출 거동

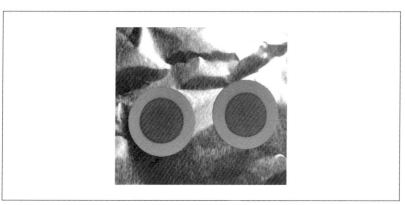

[그림 7-42] 스퍼터링으로 금을 성막시킨 컴포지트 전해질

7.3.4 셀

[그림 7-43]은 셀의 구성을 나타낸 것이다. 양·음극 시트 그리고 고체 전해질 시트를 적층해 전지를 제작한다. 전해액 등의 주액 공정은 없고, 겹치는(적층하는) 것만으로도 전지가 완성된다. 그러나 겹치는 것만으로는 양극 시트와 고체 전해질 시트 또는 음극 시트와 고체 전해질 시트의 접촉이 불충분하다. 셀 전체를 쌓아 올린 후 CIP를 하는 등과 같은 처리가 필요하다. 이외에 전지의 구속압도 중요한 변수가 된다. [그림 7-44]는 25Ah의 용량을 지니고 있는 셀 사진을 나타낸 것이다.

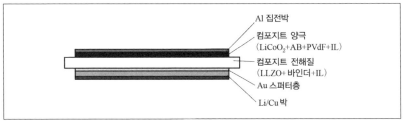

[그림 7-43] 컴포지트 양극, 컴포지트 전해질, 리튬 금속 음극으로 된 셀 구성

[그림 7-44] 25Ah 셀의 사진

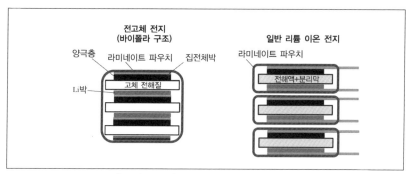

[그림 7-45] 바이폴라 셀과 일반 셀

이 셀에는 몇 개 층의 양·음극 시트, 고체 전해질 시트가 적층돼 있으며, 리튬 이온 전지와 동일한 구조를 지니고 있다.

고체 전지의 최대 특징으로 바이폴라 셀이 제안돼 있다. [그림 7-45] 는 바이폴라 셀과 일반 셀의 차이를 나타낸 것이다. 이론적으로는 두 가지의 구조 모두 가능하지만, 바이폴라 셀은 전극 간의 용량 차이가 0(Zero)이 아니면, 일부의 전극에 부하가 걸려 전지가 곧바로 열화된다. [그림 7-44]의 셀은 전극을 병렬로 배치해 제작한 것으로, 전압은 4V 정도다. 리튬 이온 전지와 비교하면 체적당 에너지 밀도는 2배 정도다. 리튬 금속 음극을 사용하고 있기 때문에 실제 전지 수준의 큰 에너지 밀도를 구현하고 있다. [그림 7-46]은 이 셀의 충·방전 곡선을 나타낸 것이다. 0.1C의 충·방전 조건에서 설계한 값에 거의 가까운 용량이 얻어지고 있다. 이 전지를 1C에서 방전하면 용량이 크게 감소한다. 이는 전류 값이 크게 증가한 조건에서 충·방전 특성이 개선될 필요가 있다는 것을 의미한다. 즉, 셀의 저항을 낮출 필요가 있는 것이다. 이 셀의 저항 성분은 주로 전해질 시트의 저항과 양극층의 저항이다. 이들의 저항을 낮추기 위해서는 더욱 뛰어난 고체 전해질의 개발 및 우수한 전극 제작 기술이 필요하다.

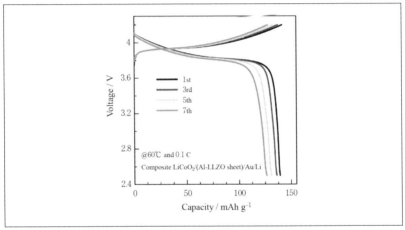

[그림 7-46] 컴포지트 양극과 컴포지트 전해질을 이용한 full 셀의 충·방전 거동

8

전고체 전지의 전망

전고체 전지의 제작은 황화물계 고체 전해질을 중심으로 발전하고 있다. 황화물계 고체 전해질의 특징인 유연함이 원동력이 돼 연구·개발이 진행되고 있는 것이다. 한편, 산화물계 전고체 전해질은 재료 자체가 지니고 있는 단단한 특성 때문에 전지를 제작할 때 고민이 필요하다. 어떠한 것이 전고체 전지를 제작하는 가장 적합한 방법인지는 향후의 개발 과제다.

황화물계 고체 전해질을 이용한 전고체 전지의 제작 방법은 대량 생산을 염두에 두고 이미 연구·개발이 진행되고 있다. 황화물계의 약점인 수분 등과의 반응성을 포함해 어떠한 환경에서 전지 제작을 진행해야 할 것인지 명확히 할 필요가 있다. 또한 전극층의 제작과 전체 조립 공정의 개발을 진행해야 한다. [그림 8-1]은 리튬 이온 전지 공장의 일반적인 배치도[38][39]를 나타낸 것이다. 기본적으로는 이와 비슷한 공정이 될 것이다.

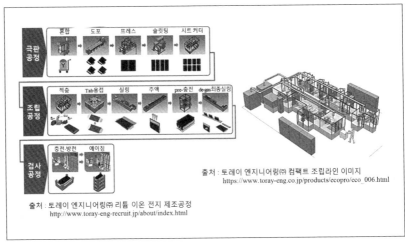

[그림 8-1] 리튬 이온 전지 공장의 배치도

그러나 전지의 제작 공정에 사용되는 재료가 모두 단단하기 때문에 적층을 하기 위한 용도의 기계 장치가 필요하다. 이와 같은 장치는 이미 존재하고 있는 것이 아니기 때문에 제조 장치 자체의 개발도 동시에 진행할 필요가 있다. 또한 프레스 성형은 필수 공정이 될 것으로 예상되므로 어떠한 장치를 실제로 사용할 것인지 등을 결정하지 않으면 안 된다. 아직도 대량 생산이라는 험난한 여정이 남아 있다.

9

앞으로 전개될 2차 전지의 모습

　전고체 전지뿐 아니라 혁신 전지에 관한 연구도 적극적으로 진행
되고 있다. 보다 큰 에너지 밀도를 지니고 있는 전지는 향후 환경·
에너지 분야에서 더욱 중요해지고 있다. 리튬 금속 음극을 이용한
전지와 마그네슘 금속 음극을 이용한 전지의 개발을 포함해, 여러
가지 혁신 전지가 연구되고 있다. 이들 혁신 전지의 기본적인 반응
은 오래전부터 알려져 있던 것이지만, 재료에는 한계가 존재했다. 그
러나 재료 분야에서 얻어진 최근의 연구 성과로 이러한 한계가 조금
씩 극복되고 있다. 과거에는 제작할 수 없었던 전지에 신규 재료를

적용함으로써 조금씩 실현되고 있는 것이다. 전고체 전지도 이러한 흐름과 맥을 같이한다. 고체 전해질의 이온 전도성은 그다지 크지 않거나 특수한 물질만이 크다고 생각돼 왔다. 그러나 고체 전해질 연구자가 새로운 재료를 발견하면서 전지를 구성하기 위해 필요하고 충분한 이온 전도성을 지니고 있는 고체 전해질을 입수할 수 있게 됐다. 이는 실로 커다란 발견이라 할 수 있다. 고체 전해질에 대한 기대가 커지면서 전고체 전지의 실현을 향한 커다란 연구 프로젝트를 진행할 수 있게 됐다. 전고체 전지에 관한 연구가 본격화된 이후 약 10년 남짓한 기간 동안 황화물계 고체 전해질을 이용한 전지는 실용 셀의 제작으로 진전되고 있다. 더욱이 실온에서 작동할 수 있을 것이라 생각되지 않았던 산화물계 고체 전해질을 이용한 전지도 지금은 실온에서의 작동은 당연한 것이고, 어떻게 큰 전류를 꺼내 쓸 수 있는지가 개발 과제로 남아 있는 상황이다. 혁신 전지 중에서도 연구·개발이 가장 앞서있는 전고체 전지의 실현은 그리 멀지 않아 보인다.

참고 문헌

[1] Yukio SASAKI, Electrochemistry, 76(2008) 1-15.

[2] Travis Thompson, Seungho Yu, Logan Williams, Robert D. Schmidt Regina Garcia-Mendez, Jeff Wolfenstine, Jan L. Allen, Emmanouil Kioupakis, Donald J. Siegel and Jeff Sakamoto, ACS Energy Lett., 2(2017) 462-468.(Supporting Information)

[3] J. Li, C. Ma, M. Chi, C. Liang, N. J. Dudney, Adv. Energy Mater., 5(2015) 1401408.

[4] https://www.cbsnews.com/news/ntsb-tesla-battery-fire-investigation/.

[5] 미쯔비시제지 주식회사 NanoBaseX(http://www.k-mpm.com/bs/nbx.php)

[6] 웨스트그룹 홀딩스 시공실적 이와테현 이치노세키시(2012년 8월 완공) (https://www.west-gr.co.jp/case/1999/)

[7] https://www.spglobal.com/marketintelligence/en/news-insights/latest-news -headlines/51900636

[8] 일반사단법인 해외전력조사회, 인구 1인당 CO_2 배출량과 발전량 1kWh당 CO_2 배출량(2015년)(https://www.jepic.or.jp/data/g08.html)

[9] D. Larcher, J-M. Tarascon, Nat. Chem., 7 19-29(2015).

[10] 국토교통성, 승용차 연비, CO_2 배출량 (http://www.mlit.go.jp/common/001031308.pdf)

[11] Y. Saiki, M. Nakazawa, J. Japan Soc. Air Pollut. 25(4) 287-293(1990).

[12] 일반사단법인 해외전력조사회(JEPEC), 인구 1인당 CO_2 배출량과 발전량 1kWh당 CO_2 배출량(https://www.jepic.or.jp/data/g08.html)

[13] 일본원자력에너지재단, 각종 전원별 라이프사이클 CO_2 배출량
 (https://www.ene100.jp/zumen/2-1-9)

[14] 국립환경연구소, 여름 대공개(2010년 7월 24일 쓰쿠바)
 (https://www.nies.go.jp/social/traffic/pdf/7-3.pdf)

[15] 닛산자동차(https://www3.nissan.co.jp/vehicles/new/leaf/charge/battery.html)

[16] M. Nagasaki, K. Nishikawa, K. Kanamura, J. Electrochem. Soc., 166(2019)
 A2618-A2628.

[17] B. Wang, J. B. Bates, F. X. Hart, B. C. Sales, R. A. Zuhr, J. D. Robertson,
 J. Electrochem. Soc., 143(1996) 3203-3213.

[18] M. Otoyama, Y. Ito, A. Hayashi, M.Tatsumisago, J. Power Sources, 302(2016)
 425-425.

[19] A. Sakuda, A. Hayashi, M.Tatsumisago, Current Opinion in Electrochemistry,
 6(2017), 108-114.

[20] K. Liu, R. Zhang, M. Wu, H. Jiang, T. Zhao, J. Power Sources, 433(2019)
 226-691.

[21] 타카다 가즈노리, 간노 료지, 스즈키 코우타, 『전고체 전지 입문』, 일간공업신문사(2019),
 p. 41.

[22] Y. Kato, S. Hori, T. Saito, K. Suzuki, M. Hirayama, A. Mitsui, M. Yonemura,
 H. Iba, R. Kanno, Nature Energy, 1(2016) 16030.

[23] T. Hakari, M. Nagao, A. Hayashi, M.Tatsumisago, Solid State Ion., 262(2014)
 147-150.

[24] Yu Zhao, Yu Ding, Yutao Li, Lele Peng, Hye Ryung Byon, John B. Goodenough
 and Guihua Yu, Chem. Soc. Rev., 44(2015) 7968.

[25] Jianfeng Cheng, Asma Sharafi, Jeff Sakamoto, Electrochim. Acta, 223(2017)
 85-91.

[26] J. Wakasugi, H. Munakata, K. Kanamura, Solid State Ion., 309(2017) 9-14.

[27] Lei Cheng, Ethan J. Crumlin, Wei Chen, Ruimin Qiao, Huaming Hou, Simon Franz Lux, Vassilia Zorba, Richard Russo, Robert Kostecki, Zhi Liu, Kristin Persson, Wanli Yang, Jordi Cabana, Thomas Richardson, Guoying Chen, and Marca Doeff, Physical Chemistry Chemical Physics, 1(2013)1 100.

[28] ㈜파우렉 복합형 유동층 미립자 코팅 조립 장치(https://www.powrex.co.jp/sfp)

[29] H. Nakamura, T. Kawaguchi, T. Masuyama, A. Sakuda, T. Saito, K. Kuratani, S. Ohsaki, S. Watano, J. Power Sources, 448(2020) 227579.

[30] 타츠미 스나마사히로 The TRC News, 무기고체 전해질을 이용한 전고제 리튬2차 전지의 개발(2018)

(https://www.toray-research.co.jp/technical-info/trcnews/pdf/201806-01.pdf)

[31] Qiang Zhang, Ning Huang, Zhen Huang, Liangting Cai, Jinghua Wu, Xiayin Yao, Journal of Energy Chemistry, 40(2020) 151-155.

[32] Jung Kyoo Lee, Changil Oh, Nahyeon Kim, Jang-Yeon Hwango and Yang Kook Sun, J. Mater. Chem. A, 4(2016) 5366.

[33] Motoshi Suyama, Atsutaka Kato, Atsushi Sakuda, Akitoshi Hayashi, Masahiro Tatsumisago, Electrochim. Acta, 286(2018) 158-162.

[34] Jungo Wakasugi, Hirokazu Munakata, and Kiyoshi Kanamura, Electrochemical Society of Japan, 85(2)(2017) 77-81.

[35] Jungo Wakasugi, Hirokazu Munakata, and Kiyoshi Kanamura, J. Electrochem. Soc., 164(6)(2017) A1022-1025.

[36] Asma Sharafi, Harry M. Meyer, Jagjit Nanda, Jeff Wolfenstine, Jeff Sakamoto, J. Power Sources, 302(2016) 135-139.

[37] Toyoki Okumura, Tomonari Takeuchi, Hironori Kohamonari Takeuchi, Hironori Kobayashi, Solid State Ionics, 288(2016) 248-252.

[38] 토레이 엔지니어링㈜ 리튬 이온 전지 제조 공정
(http://www.toray-eng-recruit.jp/about/index.html)
[39] 토레이 엔지니어링㈜ 컴팩트 조립 라인 이미지
(https://www.toray-eng.co.jp/products/ecopro/eco 006.html)

색인